真正的奢侈品不是你购买的东西，而是你对自己欲望的掌控力。

时间是雕刻人生的刻刀，每一刻都值得精心雕琢。

不是每一场对话都需要你参与，不是每一次对情绪价值的索取都需要你回应。

愿你在自己的时区里不疾不徐，找到属于自己的节奏，体验到最纯粹的精神自由。

如何让你的人生省钱又省力

何圣君 著

低成本生活

人民邮电出版社

北 京

图书在版编目（CIP）数据

低成本生活 ： 如何让你的人生省钱又省力 / 何圣君
著. -- 北京 ： 人民邮电出版社，2025. -- ISBN 978-7
-115-66589-8

Ⅰ．TS976.15-49

中国国家版本馆 CIP 数据核字第 20250DV845 号

◆ 著　　　何圣君
　　责任编辑　朱伊哲
　　责任印制　周昇亮

◆ 人民邮电出版社出版发行　　北京市丰台区成寿寺路 11 号
　　邮编 100164　电子邮件 315@ptpress.com.cn
　　网址 https://www.ptpress.com.cn
　　固安县铭成印刷有限公司印刷

◆ 开本：880×1230　1/32　　　彩插：2
　　印张：6.5　　　　　　　　2025 年 6 月第 1 版
　　字数：130 千字　　　　　　2025 年 11 月河北第 3 次印刷

定价：49.80 元

读者服务热线：（010）81055296　印装质量热线：（010）81055316
反盗版热线：（010）81055315

让我们用 30 秒的时间来做个简单的测试。

首先，你认为自己的经济情况如何？请用 1~10 分给自己打分，其中 1 分表示最富裕，10 分则表示最拮据。

接下来，你觉得自己对时间的掌控情况如何？同样，用 1~10 分来评价一下，1 分代表你最满意，10 分代表你最不满意。

然后，我们来看看社交方面。你是否感到在社交生活中有足够的自主权？周围有没有人在持续不断地消耗你？综合考量你在社交方面的感受，你会给自己打多少分呢？

最后，回顾过去的 3 个月，你的情绪状态如何？试着给你在这段时间的情绪状态也打个分吧。

这 4 个分数分别对应你的金钱成本、时间成本、人际成本以及情绪成本。

现在，请记住这 4 个分数。建议你立即打开微信，将这 4 个分数发给自己作为记录。

发完了吗？

这些分数反映了当下的你，但它们并不代表未来的你。

事实上，回溯至 11 年前，我在以下 4 个方面的表现堪忧。

在金钱方面，我不仅背负着一笔沉重的房贷，投于股市的资金也几乎打了水漂。更糟糕的是，我曾经有过一些冲动的行为，例如用所剩不多的钱购买了一些自己一直渴望拥有的新款游戏设备，以求片刻的快乐。然而，这些新玩具在我的新鲜感消失后，便被搁置在衣柜顶上，至今蒙尘。

在时间方面，过去的我时常感到力不从心。工作和个人生活的界限变得模糊，我在节假日常被领导或客户的电话打扰，下班后也难以放松身心。注意力的分散使得时间白白流逝，而我却一事无成，这种状况令我备感沮丧和焦虑。

至于社交方面，我发现自己陷入了无休止的无效社交，不断地去迎合他人的期待，而忽视了自己的内心需求。有时候，我甚至因为无法拒绝他人而借出钱财，导致自己的经济更加紧张。我意识到，我需要学会说"不"，并且寻找真正有意义的人际关系。

在情绪方面，尤其是在 2013 年，我经常感到疲惫不堪，内耗严重，仿佛一直在追求别人的认可而非自己的幸福。我开始意识到，这样下去只会让自己的生活变得更加糟糕。

从 2015 年年底开始，我决心改变现状，开始学习心理学并从心理学的角度去探索如何以更低的成本过上更高质量的生活。

在这个过程中，我学会了低物欲也能获得高享受的方法；我开始学习如何有效地掌控时间，让自己在工作中高效产出，同时在副业上获得超越主业的收入；我逐渐摆脱了社交束缚，学会了珍惜那些真正支持我成长的关系；更重要的是，我开始懂得照顾自己的情绪，减少内心的矛盾和冲突，从而获得了更多的情绪自由。

截至 2024 年 9 月，我通过深入学习心理学，在过去 7 年间写作了 15 本书，其中 11 本已经出版，更有 1 本成为销量超过 20 万册的畅销书。5 年前，我开始进入"半退休生活"，以一种更为从容的态度来面对周遭的人、事、物。

如今，如果让我再次为自己在金钱、时间、社交和情绪这 4 个方面的成本打分，我可以自信地说，这些分数都非常低。

本书是我的第十六部作品，凝聚了我多年来的心得与体会。它不仅汇集了一系列实用的技巧和策略，更深层次地探讨了如何重新定义"富足"与"自由"。我希望通过本书帮助你在这个充满诱惑与挑战的世界中，寻找到属于自己的舒适地带，以低成本过上高品质的生活。

你是否希望，若干年后再次查看今天发给自己的那条关于评分的信息时，能够看到自己已取得显著的进步，并因此感到由衷的喜悦呢？如果是，就让我们一起踏上这段旅程，正式开启本书的阅读吧！

目 录

3 人际成本 专注自我，不再为"情"所困

4 情绪成本 开启零内耗模式，实现情绪自由

1

金钱成本

低物欲也能获得高享受

为什么"抠搜"是你的必修课

你会通过什么来评判一个人是否富有呢？是他的穿着、吃的食物，还是他住的房子、开的车子？

很多人以为，所谓的富人，应该会有与众不同的消费品位。但实际上，你想要通过购买一些产品来表现身份是容易的，但想要有所成就，实现财富自由，并非易事。

那你猜，如果要用三个词来形容一些富人，这三个词会是什么呢？

答案可能让你大跌眼镜，因为这三个词是"抠搜""抠搜""抠搜"！

01　抠搜！抠搜！抠搜！

比如，"股神"巴菲特就是这方面的典型。巴菲特不仅身价早就超千亿元，并且经常荣登世界第二富豪的宝座，但他却以"抠搜"

闻名。有时，他会和别人打趣："如果今天公司的股价上涨，我就买 3.17 美元的早餐；如果股价下跌，哈哈，那我就买 2.95 美元的。"

不仅如此，据说有一年，这位世界第二富豪请当年的世界首富比尔·盖茨吃饭。前者居然从钱包里掏出两张麦当劳的优惠券，然后在后者的目瞪口呆之下，买了两份打折的汉堡套餐。

有人说，这事儿估计能让巴菲特被盖茨吐槽一辈子。可是，巴菲特不是个例。《邻家的百万富翁》的作者之一托马斯·斯坦利发现：超过 50% 的富人并不住豪宅，而就住在很多普通人的隔壁。他们买的衣服也不是很多人想象的价值数千美元，很多富人最贵的衣服售价不到 400 美元，而且还是其为了出席重要的场合，才一咬牙一跺脚，"斥巨资"购买的。

那鞋呢？不是说看人先看鞋吗？鞋应该很重要，富人们应该很重视吧？可斯坦利教授调查的数据显示：50% 的富人在鞋子上的花费从来没超过 140 美元，25% 甚至没花费超过 100 美元，只有 10% 的百万富翁会为了买一双鞋花费超过 300 美元。而那些购买价格超过 300 美元的高档鞋子的消费者，则主要是那些不怎么有钱的人。

再来看看手表。在不少人的认知中，很多富人尽管在衣食住行上都很低调，但他们总会配一块好表。你也是这样想的，对吧？但是对不起，调查结果又要让你失望了。因为高达 50% 的富人，这一生都没买过价格超过 235 美元的手表，其中 25% 从没买过价格超过

100 美元的，更有 10% 居然从没买过价格超过 47 美元的。

看到这些数据的时候，我真为自己 2010 年在瑞士旅行时，和爱人在导游的怂恿下各买了一块 150 欧元左右的天梭手表而感到汗颜。

读到这里，我估计你应该已经感受到了：**富人的"抠搜"，并不是常规意义上的吝啬，而是一种通过耗费较少的资源来获得满足感的能力。**

更何况，"抠搜"还是相对于浪费而言的。

比如，你买了很多 9.9 元包邮的东西，这是"抠搜"吗？如果你将它们买回来之后却不使用，导致有些食品过期，只能被扔掉，或者一些小物件仅使用了几次就被放在角落里积灰。这种行为就不是"抠搜"，而是真正的浪费。

所以，"抠搜"不仅不可耻，反而是一种让个人变得富有、避免浪费的能力。

是的，"抠搜"是你的一门必修课。

02　不要做"高收入穷人"

说完了富人的"抠搜"，我们再从普通人的视角出发，来聊聊什么是"高收入穷人"。

相信你一定听说过一句话：钱不是省出来的，而是赚出来的！很可惜，尽管这句话加了感叹号，尽管它说得如此斩钉截铁，但它说错了，而且大错特错。

为什么？因为它忽略了一个非常关键的问题：**我们赚钱是为了什么？**

罗伯特·清崎在《富爸爸穷爸爸》里这样写道：很多人在拥有一份高薪工作后，开始买房、买车、买奢华的家具和包包，以及度假旅游。可为了负担这些，就要花费大量金钱。于是，他们不得不更加努力地工作，希望老板能给自己升职加薪。可悲哀的地方在于：这些人，不知不觉，陷入了老鼠赛跑的境地却不自知。

终于，一些人开始觉醒。随着认知水平的提升，他们意识到，老鼠赛跑是穷人的游戏，而自己赚钱的真正目的，是实现自由！

什么是自由？

自由是周一你一觉睡到 10 点，出门后一路通畅，接着 11 点走进办公室，和大家大声说一声"大家上午好"而不会觉得羞愧的权利；也是你突然想要提前下班，和办公室里的同事毫无心理负担地说声"再见"，然后大摇大摆地走掉的权利；还是在四月中旬，你想要避开"五一"假期的人流量高峰，提前前往旅游景点，而不用担心请不了假的权利。

简单来讲：**自由，就是不想干什么的时候，就不干什么的权利。**

可是，大多数"高收入穷人"却被困在自己的工位上。他们不敢迟到、不敢早退、不敢请假，甚至连上个洗手间都不敢花费太多时间。因为他们太需要每月的工资，太需要用它来养活自己或子女。

那么，到底怎样才能实现自由呢？

关于自由，有一个非常简单的衡量标准：你的被动收入，也就是你不需要花费大量时间、精力，也无须直接参与商业活动就能自动获得的收入，能覆盖你的日常开销，甚至超过你的工作收入。

当前，如果你的被动收入提高计划（这是我在后续作品中要和你讨论的内容）尚未开始实施，你能否先通过习得"抠搜"这种能力，来尽可能地降低你实现自由的门槛呢？

03　测一测你的自由潜力

为了让你更直观地了解自己的自由潜力，我特地为你准备了一个简单好用的评测方法。

这个评测方法和你现有资产的绝对值无关，而是和你目前的实际净资产（指一个人的总资产减去总负债后的净值）、年收入以及年龄有关。它需要你计算自己的理论净资产，如果你的实际净资产大于理论净资产，说明你有较大的自由潜力。

$$理论净资产 = 年龄 \times 年收入 \div 10$$

假设你今年 30 岁，年收入是 15 万元，那么 30 岁 × 15 万元 ÷ 10=45 万元。也就是说，在当前，包括固定资产在内，你应当拥有 45 万元的理论净资产。

如果你的实际净资产大于 45 万元，那么恭喜你，尽管你现有资产的绝对值并不算大，但你已经走在了同龄人的前列，你更有可能成为富人，很快实现自由。

同样地，假如一个40岁的职场人士的年收入是你的2倍——30万元，哪怕他的实际净资产是100万元，他的自由潜力也比不过你，因为他的理论净资产是 $40 \times 30 \div 10 = 120$ 万元。这说明他还没有获得"抠搜"这项能力，他应该赶紧阅读本书。

好了，理解了自由潜力，那下一个问题又来了。

如何在5年后，让自己拥有较大的自由潜力呢？

答案是：打好"聚财防守仗"。

04 打好"聚财防守仗"

当被问到下面3个问题时，大多数富人都会给出肯定的答案。

你自己"抠搜"吗？

你的父母"抠搜"吗？

你的另一半"抠搜"吗？

是的，对大多数富人来说，他们不但自己"抠搜"，他们的父母和另一半也"抠搜"。这或许就是"不是一家人，不进一家门"的反映吧。早在1996年，全球财富研究专家托马斯·斯坦利教授就进行过统计，相关数据显示：95%的百万富翁是已婚人士，70%的富裕家庭里，尽管女性在工作中表现优异，但不得不承认，男性贡献了 80% 的收入。

类似现象国内也存在：大部分富裕家庭中的男性打好了"创收进攻仗"，创造了比普通家庭高不少的收入。

但更重要的是打好"聚财防守仗"。如果你或者你的配偶是一个花钱大手大脚的人，除非撞大运，否则你的家庭很难实现富裕，走向自由。如果你或者你的配偶在"抠搜"这项能力上进行过刻意锻炼，那么财富的大厦就有了基石，防守的堡垒也将更坚固。

所以，如果你的配偶是一个"抠搜"能力拉满的人，你将非常幸运；如果你能从今天开始刻意锻炼"抠搜"这项能力，那么你的家庭在未来就会有很大的概率实现自由和富足！

05 最后的话

该省省，该花花，勤俭"抠搜"会持家！

第一，所谓"抠搜"，不是吝啬，而是一种通过耗费较少的资源来获得满足感的能力。

第二，赚钱的真正目的是实现自由。而自由，是不想干什么的时候，就不干什么的权利。

第三，为了实现自由，你的被动收入需要覆盖你的日常开销，甚至超过你的工作收入。而在实施被动收入提高计划之前，你可以先习得"抠搜"这项能力，尽可能地降低你实现自由的门槛。

第四，如果你的实际净资产大于理论净资产，说明你有较大的自由潜力。

第五，为了打好"聚财防守仗"，从今天开始，请刻意锻炼"抠搜"这项能力吧！

5个省钱不降生活品质的技巧，你值得拥有

"抠搜"是一种能力，但你如何才能拥有这种能力呢？

答案是：你需要提升审美素养。

所以，你可以跟着我，一起来看看"抠搜"高手是如何优雅省钱的。这5个来自"抠搜"高手的省钱不降生活品质的技巧，请收好。

01 技巧一：买落后一代的顶配电子产品

买落后一代的顶配电子产品背后的**逻辑很简单：电子产品更新迅速，一旦新一代产品上市，上一代产品通常会大幅降价。**在新一代电子产品发布大约3个月后，上一代电子产品的价格往往会下降20%~30%，甚至更多。

尽管这些电子产品在技术规格上可能略显过时，但它们的性能

仍然非常出色，**这意味着在这段时间内，它们的性价比达到最高点。**

你或许会问，为什么不直接选择低价位产品呢？原因在于，低价位产品可能存在质量不稳定的问题，并且在性能方面与高价位产品差距较大。特别是那些频繁被使用的电子产品，如智能手机，性能不足会导致操作卡顿、运行缓慢等问题。我经常听到朋友们抱怨自己的手机反应迟钝，为了接收新的文件，他们甚至不得不先删除一些内容。

这样的情况不仅浪费了宝贵的时间，还可能给他人留下效率低下、不够专业的印象。

02 技巧二：在偏远地区租房

选择在离市中心较远的地方租房，可以显著降低住房成本。虽然这意味着每天的通勤时间可能会增加，但这同时也能带来意想不到的好处。这是为什么呢？

首先，偏远地区的房租通常比市中心要低得多，这对想要节约开销的人来说是个不错的选择。其次，较长的通勤时间可以被巧妙地利用起来。例如，**早晨的地铁往往相对宽松，你可以利用这段时间阅读书籍、学习新技能或是处理一些工作任务，甚至开展副业项目，从而创造额外的收入来源。**我就有一位选择在偏远地区租房的伙伴，她每天的通勤时间长达 4 小时，但她充分利用这段时间，不仅每天都更新公众号，而且还完成了 2 本书的撰写。

此外，固定的通勤时间也可以成为一种生活习惯的调整契机。**早起的生活方式有助于形成健康、规律的作息习惯。** 清晨的宁静环境有利于提高工作效率，而且由于你住得很远，所以**你有拒绝那些无效社交的理由**，如此一来，你还能额外省下用来进行这些社交的开支。

这样的生活方式改变虽然需要你适应一段时间，但从长远来看，对你的个人财务状况和生活习惯都会产生积极的影响。

03 技巧三：自己烹饪，省钱又安心

外出就餐或点外卖虽然方便快捷，但开销通常较高，而且你可能无法完全了解商家使用的食材的质量。随着短视频的兴起，学习烹饪已变得十分容易，你可以在家中轻松掌握各种菜肴的制作方法。

现在，许多优质的美食博主会在短视频平台上分享简单易学的家常菜谱，从基础的调味技巧到复杂的烹饪手法，应有尽有，能满足不同水平的学习者。只需跟随他们的指导，你就能一步步学会如何制作美味佳肴。

当你能够熟练地烹饪出各式各样的菜肴时，你会发现这不仅大大降低了餐饮开销，还能让你更加安心地享受美食。自己烹饪的食物通常更健康、更安全，因为你能够完全掌控食材的选择和

处理过程。

更重要的是，**亲手烹饪本身就能带来乐趣和成就感。每次成功做出一道新菜，都会给你带来满满的成就感**。随着时间的推移，你将积累越来越多的烹饪经验，在过年的时候可以露一手，甚至还可以尝试创新菜式，为家人和朋友带来更多惊喜。

04 技巧四：充分利用二手交易平台，抓住时机更省钱

很多时候，我们并不一定非要购买全新的商品。实际上，很多二手商品依然保持着良好的状态，性价比非常高。例如，电子产品、家具、书籍乃至一些时尚单品等，都可以考虑购买二手的。现在，市场上涌现了众多信誉良好的二手交易平台，这些平台的服务质量不断提高，保障措施也在不断加强，这使得购买二手商品变得更加可靠和便捷。

尤其值得注意的是，许多二手交易平台针对某些特定类型的商品提供了额外的保障政策，比如 7 天无理由退货服务，这让消费者在购买二手商品时更加放心。此外，还有一些平台会对出售的二手商品进行严格的审核，确保其真实性和质量。

特别推荐的一个购买时机是每年年底，这时许多公司会举办年会，并进行抽奖活动。在这种情况下，一些幸运的员工可能会抽中昂贵的奖品，但由于个人喜好或者不需要等原因，他们往往会以较

低的价格转售这些奖品。**这为买家提供了一个绝佳的机会，可以以更低的价格买到高品质的商品。**

因此，建议在年底的时候多关注二手交易平台，留意是否有这样的优惠机会。通过这种方式，你不仅能够以更低的成本获取所需的物品，还能减少资源浪费，为环保事业贡献一份力量。总之，充分利用二手交易平台，尤其是在年底这样的特殊时期，可以让你以更少的花费购买到较高价值的商品和服务。

05 技巧五：避免因价格低廉而冲动消费

很多时候，人们会被特价促销吸引，仅仅因为某件商品价格低廉就冲动购买。然而，这样的购买行为往往会导致许多不必要的开销和浪费。**如果你购买一件商品并不是出于实际需求，而仅仅是因为它便宜，那么这件商品很可能最终会闲置，成为"吃灰"的物品。**

为了避免这种情况发生，你需要特别警惕那些过于便宜的商品。虽然单次购买看起来节省了不少，但如果这种购买行为频繁发生，累积起来的总开支可能会相当惊人。更重要的是，**这些不必要的商品会占用你的存储空间，给你的生活环境带来负担。**

因此，当你面对特价商品时，不妨先问自己几个问题。

我真的需要这件商品吗？

这件商品对我有多大的实用价值？

如果我现在不买，以后是否还会需要它？

采取这样的思考方式可以帮助你做出更为理智的决定。只有在确定某件商品确实符合你的需求并且能够为你的生活带来价值时，才考虑购买。这样一来，你能够有效地掌控开支，避免浪费，并且能保持一个整洁有序的生活环境。

你看，通过谨慎评估每一次潜在的廉价购买，你可以确保自己把金钱花在真正有价值的事物上，而不是浪费在一堆可能永远都不会使用的物品上。

06 最后的话

通过上述 5 个技巧，我们可以看出，**"抠搜"并不是牺牲生活质量，而是通过智慧的选择来实现财务状况和生活质量的优化**。从购买性价比高的电子产品、选择合适的居住地点到自己动手烹饪美食，再到合理利用二手交易平台和避免冲动消费，每一小步都是向更低成本和可持续的生活方式迈进的一大步。

"抠搜"之道，既是一种艺术，也是一种生活哲学。它启示我们在享受当代文明带来的便捷之余，更要懂得珍视资源，体会金钱的真谛。古语云："绳锯木断，水滴石穿。"节省下来的每一笔小钱，终将在不损害生活质量的基础上，汇集成一笔可观的财富。

如何克制购物欲

　　数字时代，购物已经超越了简单的交易行为，变成了一个复杂而微妙的心理游戏。想象一下，在一个悠闲的周末晚上，你正躺在床上刷着短视频，在手指滑过屏幕的一瞬间，一个直播画面吸引了你的注意。直播间里，主播热情洋溢地展示着各种产品，每一件都设计精美、价格诱人。你好奇地点进了直播间，原本只打算随便看看，但没过多久，你就被一件独特的产品深深吸引住了。那一刻，仿佛整个世界都在说："买下它，你的生活将变得更美好。"

　　除了直播间，人们还会在诸如短视频平台、社群、团购应用程序等场景中发生冲动消费。究竟是什么力量让人们在短短几秒内就做出了购买决定呢？

　　在本节，我们将深入探讨冲动消费背后的秘密，特别是那些由营销精英们精心策划的营销套路。更重要的是，我还会提供一些实用的策略，帮助你在面对精心设计的诱惑时，有效抑制购物的冲动，做出更理智的选择。

01　冲动消费背后的两大营销套路

要想破局，我们得先识局。为什么你会那么容易受到影响，买回你未必需要的产品呢？事实上，你主要受到了以下两大营销套路的影响。

套路一，从众效应：让你随大流。

从众效应是指人们倾向于模仿他人的行为，尤其是在不确定如何行动的时候。这种营销套路在直播购物、电商产品的详情页中被广泛应用，以提升产品的吸引力和可信度，具体体现在以下几个方面。

实时更新的销售数据。直播间总是会显示产品的实时销量，数据变化时，都像是在告诉你："看，很多人都选择了这款产品，你也应该加入他们！"这种方式可以迅速营造出一种紧迫感，让你感觉自己如果不立即行动就会后悔。

主播的口播引导。主播会提到某款产品已经售出了多少件，甚至会强调某些特别的销售里程碑，比如"这是今年销量最高的产品"或"已经有超过 10 000 位用户选择了这款产品"。口播引导可以提升产品的可信度，让你觉得自己如果不加入购买行列就会显得落伍。

平台榜单推荐。如果某款产品出现在了平台榜单上，该产品的详情页会特意强调这一事实，让你相信这款产品得到了广大用户的认可。平台通常基于用户评价、销量等数据对产品进行排名，因此上榜的产品往往被认为具有高品质和高性价比。

用户评论。现在很多电商平台都会特别突出过往用户的积极评价和产品使用体验。早前，一些用户会为了获得返利红包而成为商家的"水军"。这些用户的反馈会让你感觉某款产品的确不错，让你确信购买这款产品是一个明智的选择。

无论是直播间的营销人员还是产品详情页的设计人员，他们都在充分利用从众效应，让你在观看直播和浏览产品详情页的过程中逐渐产生购买欲望。当你看到很多人选择某款产品时，你会倾向于相信自己也会喜欢它，进而做出购买行为。

套路二，价格锚点：巧妙引导你的购买决策。

价格锚点是另一种应用广泛的营销套路，它通过塑造你对价格的第一印象来影响你后续的购买决策。以下是 3 种常见的有关价格锚点的策略，用来激发顾客的兴趣和购买欲望。

策略一，价格对比——凸显价值感。商家常常设定一个较高的原价，并在旁边标注显著降低的折扣价。这种价格对比让折扣显得格外诱人，让顾客感觉自己占到了便宜。例如，一款原价为 1198 元的蓝牙耳机，现在仅售 78 元。即便顾客原本没有购买蓝牙耳机的打算，鲜明的价格对比也可能吸引他们驻足关注，进而促成购买行为。

策略二，捆绑销售——营造"机不可失"的氛围。通过将两种或多种产品捆绑在一起销售，商家能够营造出一种"机不可失"的氛围，使顾客认为不抓住这个机会就亏了。比如，在生鲜平台购物时，如果购买了一款价格不菲的口水鸡，只需再多付 1 元就能获得原价为 24.9 元的夫妻肺片。有时候，顾客可能并不是特意买口水鸡，而是被极低价格的夫妻肺片吸引，从而促成了整笔订单的成交。

策略三，限时折扣——利用紧迫感。限时折扣利用了顾客害怕错失良机的心理，能促使顾客立即行动。特别是当限时折扣与顾客自身的努力挂钩时，其效果更为显著。比如，商家推出了原价为998 元的 14 天训练营，在参加了为期 3 天的免费体验营并完成了所有作业后，参与者可以获得 500 元的优惠券作为奖励。为了避免之前的努力白费，很多人会选择利用这张优惠券报名参加该训练营。

商家巧妙地利用价格锚点来引导你的购买决策，不仅提升了销售业绩，还提升了你的满意度和忠诚度。

02 营销套路的破解之法

任何套路都有破解之法，我在《自律上瘾：用自律拿到结果的28 个逆袭策略》中，提到过一个行为原理模型：B=ATM。这个模型不仅能帮助一个人自律，还能用来破解营销套路。

行为原理模型涉及 4 个字母：B 是 Behavior，行为；A 是 Ability，能力；T 是 Trigger，触发；M 是 Motivation，动机。B 由 A、T、M这 3 个因子组成，它们缺一不可。

如果 B 是购买，那么我们就可以针对 A、T、M 分别找到营销套路的破解之法。

首先，针对 A，了解更多营销套路。

实际上，消费心理学的策略与魔术师在舞台上表演魔术有着异曲同工之妙。想象一下，当你首次观看魔术表演时，魔术师邀请你从一副牌中抽取一张，你发现自己抽到的是"大王"，然后魔术师让你将这张牌随意放回那副牌中，接着他从中随意抽出一张牌，翻过来一看，其正是你抽到的那张"大王"，这让你惊叹不已。

然而，当你了解到魔术师实际上使用的一整副牌里都是"大王"，你就会明白这背后的秘密。这样一来，当你再次观看类似的魔术表演时，你就不会再感到那么惊讶了。

同样的道理也适用于消费心理学的策略。一旦你了解了这些策略背后的原理，你就能够更好地识别并抵御诱惑，从而在消费决策中保持清醒和理智。

其次，针对 T，避开触发因素。

直播间是一个极具吸引力的地方，很容易激起人们的购买欲望；同样，精心制作的商品详情页也让人难以抗拒。但如果选择不去接触它们呢？这就类似于你准备工作时，将容易分散注意力的手机调至静音模式，甚至放在另一个房间。

当没有外部触发因素提示你进行某项行为时，就如同工作时避免因频繁查看手机而打断思路一样，你也可以避免被直播间和商品详情页吸引，从而降低冲动消费的可能性。简而言之，通过避开这些触发因素，你可以有效控制自己的购买冲动，保持更理智的消费态度。

最后，针对 M，分清"需求"与"欲望"。

在消费决策中，区分"需求"与"欲望"是非常关键的一步。"需求"是指为了维持基本的生活或工作必需的物品，而"欲望"则更多基于情感和个人喜好。前者存在的时间会很长，而后者则往往是稍纵即逝的。所以，如果你能分清这两者，你就可以做出更理智的购买决策，避免不必要的支出。

具体的落地策略也很简单，你可以使用**愿望清单法**，并遵循如下 4 个步骤。

第一步，创建愿望清单。创建一个电子文档或使用手机中的记事本功能，记下你想要购买的物品及其价格，同时写下记录的日期。

第二步，度过冷静期。把想要购买的物品加入愿望清单后，不要立即购买，而是给自己一个冷静期，比如一个月。在这段时间里，你可以继续浏览其他产品，比较价格，甚至等待促销活动。

第三步，评估必要性。一个月后，重新审视愿望清单中的物品。在此期间，如果你经常产生购买冲动，可以问自己几个关键问题：这件物品是否解决了我的某个具体问题？没有这件物品，我的生活质量是否会受到影响？我是否已经拥有功能类似的产品？是否有更便宜的替代品可以满足相同的需求？

第四步，决策。如果经过冷静思考，你仍然觉得自己需要愿望清单上的这件物品，那么这很可能是出于"需求"。如果你发现其实并不那么需要这件物品，或者已经有了替代品，那么这很可能只是出于一时的"欲望"。

　　比如，我曾经有一段时间对智能音箱和蓝牙耳机特别着迷，由于冲动消费，我购买了总计 9 款不同品牌的智能音箱，以及超过 10 副各式各样的蓝牙耳机，包括骨传导式、入耳式和夹耳式等多种类型。然而，在我学会并开始运用愿望清单法之后，我就不再随意购买电子产品了。

03　最后的话

　　在当下这个数字时代，购物不再仅仅是简单的买卖交换，而是一场有关理性的较量。我们既被吸引，也被考验。希望你在理解了从众效应和价格锚点这两种营销套路后，不仅能学会识别它们，更能践行破解之法。

　　通过了解营销套路、避开潜在的触发因素、清晰地区分"需求"与"欲望"，你可以更理智地对待购物，享受购物带来的乐趣，而不是成为它的俘虏。

　　没错，**真正的奢侈品不是你购买的东西，而是你对自己欲望的掌控力。**

如何锻炼自己延迟满足的能力

读完上一节的内容后，你或许会想："这些方法确实不错，但我真的能践行吗？"如果你有这样的疑问，那么接下来的内容对你而言就显得尤为重要了。

为什么这么说呢？因为即便你认同这些方法，如果在实际操作中感到困难重重，这就意味着你可能需要锻炼自己延迟满足的能力。

01 延迟满足的能力

什么是延迟满足的能力？它是指为了获得未来收益而延迟当下即时满足的一种能力，是一种在等待中进行自我控制的能力。

有关这方面的研究，要从心理学历史上著名的那块"棉花糖"说起。

在 20 世纪 60 年代末，心理学家沃尔特·米歇尔和他的团队进行了一个经典的实验，其被称为"棉花糖实验"。在这个实验中，研究者给 4~6 岁的孩子提供了两个选择：他们可以立刻得到一块棉花糖；如果他们能够做到大约 15 分钟不碰那块棉花糖，就可以得到第二块棉花糖作为奖励。

研究者发现，有些孩子几乎立即就吃掉了棉花糖，而另一些则成功地等待了足够长的时间以获得第二块棉花糖。有趣的是，研究者随后跟踪调查了这些孩子，发现那些能够延迟满足的孩子在后来的生活中往往表现得更好，他们在学习成绩、社交能力等方面都比那些不能等待的孩子更出色。

从脑科学的角度来看，延迟满足的能力与大脑前额叶皮质的功能息息相关。前额叶皮质负责发挥决策、规划以及抑制冲动行为等重要功能，是人类执行功能的核心。当一个人要在即时奖励与未来更大的奖励之间做出选择时，大脑中的两个关键区域——边缘系统和前额叶皮质之间会展开一场微妙的竞争。边缘系统包括杏仁核等结构，对即时奖励有着强烈的反应；而前额叶皮质则帮助我们考虑长远后果，促使我们做出更为理性的决定。

是的，在"忍住不买"的过程中，你的内心里仿佛有两个小人在较量：一位是理性思考、追求长期利益的"延迟满足小人"，其行为受到前额叶皮质的调控；另一位则是追求即时满足的"即时满足小人"，主要受边缘系统的驱动。对容易冲动消费的人来说，"即时满足小人"往往占据主导地位。他们只有通过具体的策略来训练和强化"延迟满足小人",才能更好地管理冲动行为,做出理性的购物决策。

02 如何锻炼延迟满足的能力

那么关键的问题就来了,如何才能有效地训练那个理性思考、追求长期利益的"延迟满足小人"呢?从行为心理学的角度出发,你可以采用以下 3 个策略。

策略一:净化冲动消费场景。

要锻炼延迟满足的能力,一个有效的起点是从源头减少诱惑,净化你的冲动消费场景。

具体做法可以分为 3 个步骤。

步骤一,识别冲动消费的触发点。

首先,你需要仔细观察并记录自己通常在哪些特定的场景中容易产生冲动消费的行为。这些场景可能涉及特定的时间、地点或情绪状态。比如,有些人可能会发现自己在工作间隙浏览购物网站时特别容易下单;还有些人可能是在晚上刷短视频放松时,被直播间的推销打动而冲动下单。

步骤二,记录与分析。

把冲动消费的触发点都记录下来,然后注意自己的情绪状态,观察自己是否容易在感到无聊、焦虑或是寻求慰藉时冲动消费。

你可以将这些信息记录在一个笔记本或应用程序中，这样可以帮助你更加清晰地认识自己的行为模式。例如，在吃完午饭后，我经常会打开购物网站浏览，不知不觉就买了一些东西；我在晚上刷短视频时，有时候会无意间进入直播间，主播的热情讲解让我难以抵挡诱惑。

步骤三，采取行动，净化场景。

一旦你明确了这些触发点，接下来就需要采取措施来净化冲动消费场景，使它们不再成为冲动消费的温床。具体来说，你可以采取如下 4 类行动来实现场景净化。

行动一，设置提醒。在手机或计算机上设置提醒，每当特定时刻到来时，提醒自己避免打开购物网站或短视频平台。

行动二，移除诱惑。如果可能，删除购物应用程序，或使用浏览器插件屏蔽特定类型的广告。

行动三，寻找替代活动。寻找其他更有意义的方式来度过特定时间，比如阅读、运动或学习新技能。

行动四，自我对话。在这些触发点出现时，对自己说一些正面的话语，比如："我有足够的自制力去抵御这种诱惑。"

每一次成功的抵御都是一次胜利，不仅能帮你节省金钱，还能提升你的心理韧性。通过这 3 个步骤，你可以逐渐降低冲动消费的发生频率，增强自我控制力，最终获得延迟满足的能力。

策略二：付款前，运用"4个10法则"。

在面对冲动消费时，一个实用的技巧是运用所谓的"4个10法则"。这个技巧能帮助你评估冲动消费的真正价值，并让当下的决策与未来保持一致。

什么是"4个10法则"？它是一种方法，要求你在考虑购买某件物品时，想象自己在10小时、10天、10周以及10个月之后会如何看待这次的购买行为。这种方法能帮助你从更长远的角度审视你的需求，以及这次的购买行为是否真的符合你的长期利益。

问问自己：10小时后，还会像现在一样渴望拥有这件物品吗？10天后，还记得自己为什么想要拥有这件物品吗？是否还觉得它是必需品？10周后，还会记得自己曾经想要购买这件物品吗？是否会为当初的冲动消费感到后悔？10个月以后，这件物品是否仍然有用？它是否已经失去新鲜感，被放置在一旁？思考这些问题可以帮助你评估购买行为的持久价值。

这种方法具体实施起来也很简单。当你感到特别想购买某件物品时，不要急于下单，而是先记下这个想法。然后，根据上述提到的时间节点，逐一考虑购买该物品的长期影响。针对每个时间节点，问自己上述问题，并诚实地回答。如果你发现答案是否定的，那么购买这件物品很可能并非明智之举。

比如，当你看到一款新发布的智能手表时，你非常想要立刻购买。但是，在运用"4个10法则"后，你可能会意识到10小时后你对它的兴趣已经减弱；10天后，你开始质疑这款手表是否真的值得购买；10周后，你可能会发现自己的生活并没有由于这款手表而有所改变；10个月后，你可能会后悔当时没有将购买手表所花的钱用于更重要的事情上。

"4个10法则"能逼迫你调动负责理性思考的前额叶皮质，在客观上帮助你逐渐培养出一种更加理智的消费观，从而学会区分真正的需求与一时的冲动。随着时间的推移，你会发现自己的财务状况变得更加健康了，同时你也能更好地控制自己的冲动，获得延迟满足的能力。

策略三：记得给大脑奖励。

每当你做到了延迟满足，记得给你的大脑一些奖励，以强化这种好的行为。为什么要给大脑奖励呢？

从脑科学的角度来看，奖励机制对行为的形成至关重要。**大脑中的多巴胺与奖励感知紧密相关，当我们完成一项任务或达成某个目标时，多巴胺会增多，从而让我们感到快乐和满足。这种正反馈鼓励我们重复那些能带来积极结果的行为。**因此，通过给自己设定奖励，你完全可以训练大脑，将延迟满足与愉悦感联系起来，从而加强这种有益的行为模式。

比如，当你成功地运用"4个10法则"阻止了一次金额为200元的冲动消费，你可以把其中20%存到你的"学习账户"中，在未来，当这个"学习账户"中的钱越来越多后，你可以将这些钱用来买书或者报名参加在线课程，学习一种新的语言或技能，这样既节省了开支，又有助于自己的成长和发展。

通过给大脑奖励，你的自我控制能力将变得更强，你还能在节省开支的同时促进个人成长和发展。当奖励机制的积极影响不断强化你的延迟满足能力后，你会发现这种积极行为模式所带来的成就感，远超任何一次冲动消费带来的短暂快感。

03　最后的话

真正的财富不在于你拥有多少物质，而在于你能抵御多少诱惑。

延迟满足的能力是一种自我控制的表现，更是帮助你走向成功和幸福的关键。通过净化冲动消费场景、运用"4 个 10 法则"以及适当给大脑奖励，你不仅可以逐步建立起这种重要的能力，而且还能让每一次小小的胜利都为你取得更大的成就做好铺垫。

盘点 4 类无用省钱行为

有了延迟满足能力，但有时候仍旧可能出现"抠搜"却花了很多钱的情况。这是怎么回事儿呢？

这一节，我们就来盘点一下 4 类无用省钱行为。

01   第一类无用省钱行为：忽视时间成本

的确，人们或多或少都会存在财务压力，特别是在努力储蓄或偿还债务的情况下，为了节省每一笔开销，有些人经常会花费大量的时间去寻找最便宜的选项。例如，为了节省几元，人们可能会花费数小时在不同的电商平台上比较同一商品的价格，查找优惠券、折扣码等。虽然这样做把钱省下来了，但实际上耗费了大量的时间，消耗了巨大的情绪能量。

这种行为背后的心理机制在于，人们希望通过精打细算来节省每一笔开销，以达到更好的财务状况。然而，**当这种行为成为习惯**

时，它不但会消耗你的大量时间，而且还会使你感到疲惫。很多人在终于完成比价购买，节约了几元之后，并没有获得成就感，反而觉得特别疲惫。这种疲惫不仅仅来自身体上的劳累，更多的来自心理层面的压力。**长时间的注意力集中和决策其实是一种精神劳动，会在客观上影响人们的工作效率和学习动力。**

在一场精神劳动后，人们往往会发现自己很难保持高效的状态，甚至可能会出现注意力难以集中、创造力下降等问题。这种模式如果成为习惯，长期下来可能会导致严重的后果。例如，它会侵占过多的个人时间，使原本可用于工作、学习或休闲的时间变得支离破碎。而且，**频繁的比较和决策会导致认知疲劳，影响决策的质量和速度。甚至这种行为还可能引发负面情绪，比如焦虑和挫败感**，对个人的心理健康产生不良影响。

从数学的角度来看，假设你一个月的收入是 8400 元，用它除以 21 个工作日，那么你一天的收入是 400 元。按照 8 小时工作制来计算，那么你 1 小时的收入为 50 元。而为了买一件小商品，你花了大约 30 分钟来比价，最后虽然的确节省了几元，但这样做真的划算吗？更不用说，很多人的月收入还远不止 8400 元。

02　第二类无用省钱行为：忽视省钱成本

省钱也有成本吗？是的，省钱的成本可高了。

正如作家茨威格在《断头王后》中留给世人的金句："**所有命运馈赠的礼物，早已在暗中标好了价格。**"如果你仔细观察，你会发现很多时候，一些看似明智的省钱行为，其背后总有不小的代价。在我调研这个话题的过程中，我观察到有 3 类情况十分普遍。

第一类，想省钱却创造了更多消费机会。比如，有人坦诚地说："我为了省 2 元的公共交通费而选择走路，在路上又热又渴，于是在路过一家奶茶店时，忍不住买了一杯 7 元的奶茶喝。结果我不但没省下钱，还摄入了额外的糖分，我这段时间可是在减肥呢！"你看，这种行为非但没有节省开支，反而创造了一个新的消费机会，不仅增加了总体开支，还可能影响个人的健康目标的达成。

第二类，落入"平替陷阱"。又比如，有人分享说："买帽子也是一个血泪教训，十几元、二十几元的帽子买了很多，扔了觉得可惜，留着却又不想戴，还不如当初多花些钱去买一顶更好的。"没错，这些价格较低的"平替款"，其质量往往不尽如人意，这会导致她在戴几次之后就不愿再戴，之后又觉得自己还是"缺一顶帽子""下一顶帽子应该会更好"。于是，随着时间的推移，她在不知不觉中买了越来越多廉价的帽子，最后落入了"平替陷阱"。

第三类，为免运费而凑单。现在很多商家为了提高每笔订单的金额，会刻意设置"满 × 元免运费"的门槛。不少人为了达到这个门槛而购买不需要的产品，结果虽然省下了运费，却把更多的钱花在了不必要的产品上。例如，为了达到满 49 元免运费的门槛，他们可能会向购物车里加入一些小物件，如钥匙扣、贴纸等。虽然这样做的确达到了免运费的要求，但购买这些额外的产品实际上增加了总体的开支，家里的钥匙扣和贴纸这些通常无用的物件也变得越来越多。

03　第三类无用省钱行为：忽视保质期

为了追求所谓的划算而大量囤货，结果却发现产品根本用不完，最终过了保质期，只能无奈地将其扔掉。这种行为看似节省了开支，实际上却造成了浪费。忽视保质期具体体现在以下几个方面。

囤积过量产品。 为了降低成本，很多人经常趁超市打折或电商平台大促时，大量购买某类产品。然而，由于购买的产品数量远远超过了实际需求，很多产品还没来得及使用，就已经过了保质期。例如，一次性购买了几十罐所谓的高档茶叶，结果一年下来也没有喝几罐，最后只能等茶叶过了保质期将其扔掉。

事实上，我就曾收到过这类来自朋友的高档茶叶。一开始，我觉得这位朋友非常大方，能送我一看就十分上档次的茶叶礼盒。但当我回到家，打开茶叶礼盒，发现茶叶只剩下最后 1 个月的保质期时，我不得不反思，是我们的关系不够牢靠，还是这位朋友的消费观念存在偏误。

购买临期食品。 临期食品之所以能以如此低廉的价格出售，是因为它们即将到达制造商设定的安全食用期限。虽然这些食品在购买时是安全的，但在实际生活中，人们往往会由于各种原因忘记它们的存在。这些食品可能会被遗忘在冰箱的某个角落或储藏柜的最深处，直到它们过期才被重新发现。

面对这种情况，人们的反应各不相同。一些人会选择直接丢弃这些食品，以免造成健康风险；而另一些人则因为舍不得扔掉它们而继续食用，最终出现健康问题，不得不去医院就诊，花更多钱。

大量购买原产地水果。这一做法的确省去了中间商赚差价的环节，让消费者能够以更低的价格享受到来自田间地头的新鲜美味。然而，这条看似正确的道路其实也暗藏着不少陷阱。

一方面，这种交易模式往往伴随着较高的物流成本。为了分摊高昂的运费，卖家通常要求消费者至少购买一整箱水果。这样一来，即便单个水果的平均成本较低，但其总价一点都不低。

更重要的是，水果在运输过程中面临着诸多不确定因素。长途运输可能导致部分水果在到达消费者手中之前就变得"过于成熟"，而消费者打开箱子，发现有几个水果已经有腐坏的迹象时，心情也会变得复杂起来。

此时，大多数人出于不想浪费的心理，会从看起来不太新鲜的水果开始吃起；随着他们慢慢吃掉这些不太新鲜的水果，接下来的每一个水果似乎都变得不再那么诱人，最终可能导致他们被迫吃掉整整一箱不太新鲜的水果。

04 第四类无用省钱行为：忽视认知成本

忽视认知成本是许多人在投资和日常生活中常常犯下的错误之一。在金融市场上，这种行为表现为投资者不经过深思熟虑就购买基金或股票，仅仅因为市场上的热门推荐或是听信了他人的建议。他们往往忽略了对个人财务状况的全面评估、对市场的深入分析以及长期规划。

在日常生活中，这些人可能在小额支出上精打细算，但在进行大额投资时却显得草率和冲动。他们为高风险的投资产品投入大量资金，但对其缺乏足够的了解，这恰恰验证了一句看似开玩笑却道出了实情的话："**生活里缝缝补补，股市里挥金如土。**"

05 最后的话

通过对4类无用省钱行为的探讨，我们看到了在日常生活中许多人容易落入的一些陷阱。忽视时间成本、省钱成本、保质期和认知成本等行为虽然看似节约了资源，实际上却可能带来更大的浪费和损失。

忽视时间成本：在寻找最便宜的选项上花费过多时间，最终导致认知疲劳和效率下降。

忽视省钱成本：看似聪明的省钱方法可能创造出更多消费机会，

使人落入"平替陷阱",或者为免运费而购买不必要的产品。

忽视保质期：过度囤货导致产品过期，最终造成浪费。

忽视认知成本：在投资时缺乏深思熟虑，仅仅依赖热门推荐或他人的建议，从而忽视了对市场和个人财务状况的全面评估。

希望你在看清并理解了这些无用省钱行为后，能够避免"踩坑"，继而把更多宝贵的金钱、时间和注意力都用于更有价值的事情上。

专注金钱：月薪一万一年存 10 万的狠招

生活在杭州的小李在网上分享了自己的攒钱经验，这件事迅速登上了热搜榜。小李晒出了自己一年的成果——总资产达到了105 833.62 元，并感慨地说："经过一年的努力，我终于攒下了10 万元。"

小李的税后月薪略高于 1 万元，加上相当于月薪的年终奖，他的税后全年总收入为 13 万元左右，这是他的收入情况。

从支出情况来看，小李每月的房租仅为 1000 元，他自己动手做饭，每月的食品开销大约为 600 元。此外，他还善于利用网购时累积的积分兑换生活必需品，如卫生纸、洗衣液等，以此节省开支。到了周末，小李会选择去附近的图书馆阅读，既节省了电费，又能在安静的环境中充实自己。

小李表示，尽管他用了一整年的时间才存下 10 万元，但这个过程给他带来了极大的成就感。他强调，自己并没有因此降低生活品质，而是巧妙地利用了许多人常常忽视的优惠和资源。他通过做出小小的改变，成功地实现了自己的储蓄目标，同时也证明了即使只有有限的收入，也能通过富有智慧的理财策略提高生活质量。

小李的做法是否值得我们模仿学习呢？我们可以从以下两个维度来分析。

01　维度一：当前阶段的财务战略

在这个维度，你需要回答的问题是，**为什么要存钱？**

小李为什么要存钱呢？他在分享中没有说。或许是为了买房，或许是为了拥有足够的现金以抵御未知的风险。无论是为了买房还是设立应急基金，设定明确的储蓄目标都是一个关键步骤。

小李的做法提醒我们，每个人都应该根据自己所处的人生阶段和目标，制订相应的储蓄计划。那么，你是否思考过自己在金钱方面的目标呢？如果你之前从来没有思考过，不妨按接下来要介绍的3个步骤来设法找到符合你当前阶段的财务战略。

第一步，明确目标。

目标可以分为长期目标和短期目标。

我们先看长期目标。你可以思考未来5年、10年甚至更长时间内的主要目标是什么，比如买房、创业、退休等。假设你的长期目标是45岁时进入"半退休生活"，不再为钱工作。为了实现该目标，你可能需要 200 万元的储蓄，这样才能让你拥有足够的财务安全感。当然，每个人对财务安全感的理解不同，因此每个人设置的具体目标金额也不一样。

我们再来看短期目标。 短期目标通常是指一年内可以实现的小目标，比如设立应急基金、旅行、进修等。例如，你的短期目标是读在职研究生，相关费用为 10 万元，你计划在一年内攒够这笔钱。

第二步，评估情况。

评估的要点主要聚焦于你的"收入与支出"以及"储蓄与债务"两个部分。

先说**收入与支出**。假设你目前的月薪为 1 万元，每月的固定开支（包括房租、水费、电费等）为 3000 元，变动开支（涉及餐饮、娱乐等）为 2000 元，那么你当前每月可用于储蓄的资金为 5000 元。

再说**储蓄与债务**。如果你目前有 2 万元的储蓄，但也有 5000 元的债务，那么在制订储蓄计划时，还需要考虑偿还债务的需求。

第三步，制订计划。

制订储蓄计划时，你需要特别关注 3 个要点。

首先，**预算制订**。你得根据自己的收入和支出情况制订详细的预算。依旧假设你的月薪为 1 万元，每月的固定开支为 3000 元，变动开支为 2000 元，而如果你需要每月储蓄 7500 元，其与每月可用于储蓄的 5000 元之间就有 2500 元的差距。这就意味着你要么想办法节流，要么想办法开源，总之，你必须通过具体的行动来弥补差距。

其次，设立**应急基金**。一般建议设立至少可以覆盖 3 个月的生活费用的应急基金。从短期看，如果你每月的生活费用为 5000 元，那么应急基金的目标金额应为 15 000 元。你可以每个月储蓄一定比例的资金，直到达到目标金额。

最后，进行**投资规划**。将一部分资金投入低风险的投资渠道，以实现资产增值。

通过以上步骤，你就可以知道自己的现状和目标之间的差距到底大不大，从而决定是否要搜集并践行能实现较高储蓄率的狠招。**你看，你只有首先解决了"为什么"的问题，才有足够的动力去考虑具体要"怎么做"。**

02　维度二：如何实践

当你有了足够的动力后，你就应该考虑如何实践了。在这个维度，你需要回答的问题是，为了实现某个具体的目标，可以如何创造性地践行具体的策略？

我们可以结合之前所讲的内容，从开源和节流两个方面来缩小现状和目标的差距。

先说开源。开源的方式有很多，但比起送外卖、开网约车等"一次投入，一次产出"的劳动（我把它称为"单利副业"），我建议你尽量挑选并投身"复利副业"。

什么是"复利副业"？ 这是一种具有创造性的商业模式，其核心在于你只需要一次性地投入时间和精力，之后就可以持续不断地获得收益。采用这种模式后，一开始你可能获益较慢，但当你的积累达到某个水平时，经济回报将会显著增加。

比如，**写作**。写完文章后，你就可以通过多个平台对其进行发布，而无须付出过多的边际成本。又如，**制作在线课程**。如果你在某一领域具备专业知识或技能，可以录制一系列教学视频，制作一门在线课程。一旦课程制作完成，你就可以通过在线平台对其进行销售，获得持续的收入。再如，**开发应用程序**。如果你具备编程技能，也可以开发一款应用程序。一旦应用程序上线，你便可以通过应用商店对其进行销售或通过接广告等方式盈利。

我自己就是这类副业的受益者。起初，我在公众号进行创作，每周努力完成 1~2 篇稿件，每次的收益只有几元。然而，随着我的写作水平不断提高，我开始收到约稿邀请，受邀制作在线课程，每年年底都可能得到一笔可观的分红；还成了一名作家，至今已经出版了 11 本书，其中 1 本更是成为销量超过 20 万册的畅销书。

当然，我经历了 7 年才达到今天的地步，但正如那句话所说：**种一棵树最好的时间首先是 10 年前，其次是现在。**

通过投身"复利副业"，你也可以为自己创造一个持续的收入来源，这对实现长期财务目标非常有帮助。希望我的经历能够激励你探索和发展自己的"复利副业"，让你在月薪不高的情况下创造额外的收入来源。

再说节流。节流同样关键，它可以帮助你减少不必要的开支，从而将更多的资金用于储蓄。在节流的过程中，我认为以下两招特别管用。

第一招，践行"闪存法则"，即一拿到工资，就闪电般地把其中一部分存起来。

我在刚参加工作的时候，工资很低，月薪只有 2000 元。但我一拿到工资，就会立刻跑到附近的工商银行，把其中的 1500 元变为 1 年期的定期存款。这样一来，为了不损失利息，我就不会轻易地把存款取出来。

你可能会问，一个月只剩下 500 元，能正常生活吗？当然，当时有一些特殊情况。因为我那时的工作单位是一家工厂，一日三餐由食堂供应，住的是员工宿舍，我每个月只需象征性地支付 80 元。

随着工作年限的增加和职位的晋升，我的薪资水平也逐渐提高，我不再需要像最初那样过着极其俭朴的生活。但我已经养成了每个月一获得收入就储蓄的习惯。作为一个没有获得上一辈过多经济支持的人，我几乎都是用自己的储蓄来完成几件人生大事的。

通过这种方式，即使在收入水平较低的情况下，我也能够建立起一定的储蓄基础，并逐渐养成一种良好的储蓄习惯。这种习惯对我后来的财务规划起到了至关重要的作用。

第二招，用好记账工具，好好记账，用好每一笔钱。

随着收入的增长，虽然我依旧保持着先储蓄再消费的习惯，但我发现自己总是会购买事后被证明浪费钱的产品，连我的儿子都开始质疑，为什么家里会有那么多智能音箱，在每个房间都能摆2台了。对于不必要的消费行为，我需要很长时间才会醒悟。怎么办？对，记账就是一个很好的办法。

在一次聊天中，一位前同事给我推荐了一个记账应用程序，我发现这个应用程序非常好用。每次消费后，我只需要根据不同的类别，把相应的金额填进该应用程序即可，每次填写只需要花费不到15秒，却能让我非常清晰地了解自己的钱到底花在了哪里，哪些是必要的消费，哪些则是应当尽量避免的消费。

通过记账，你也可以更好地理解自己的消费模式，并据此做出调整。养成这种习惯对实施长期的财务规划十分有效。

03　最后的话

在宏观层面思考，在微观层面努力。

你可以通过明确目标、评估情况、制订计划，想明白自己为什么要存钱；通过明确现状和目标之间的差距，寻找适合自己的"复利副业"，践行"闪存法则"，用好记账工具，实现**"月薪不高，储蓄不低"**。

2

时间成本

掌控时间就是掌控你的人生

为什么一定要在时间成本上精打细算

让我来问你一个假设性问题：如果你有机会与投资大师巴菲特交换身体，你会接受这样的交易吗？

不论你的选择是什么，我的答案都是明确的——不会接受。尽管巴菲特是一位拥有巨额财富的传奇人物，但他已是一位年过九旬的老者。无论他的财富多么惊人，他在世上的时光很可能远不及我。

这恰恰证明了一个永恒不变的道理：**金钱耗尽了可以重新赚取，但流逝的时间却无法挽回。**

诚然，这个世界充满了不公，我们出生时所拥有的条件——包括背景、颜值等——似乎是随机分配的。但世界上也存在着一个绝对公平的事实：**每个人每天都享有相同的 24 小时。**

从个人角度来看，你一定要在时间成本上精打细算，因为其包含状态、动机、能力 3 个要素，它们会分别对你的情绪成本、获得自我效能感的成本以及实现长期成长的机会产生重要影响。

01 要素一：状态

当你处于"时间贫困"中，你的情绪成本会显著增加。

什么是"时间贫困"？

在探讨这个问题之前，不妨先思考一下：你通常工作到几点才回家？我不少朋友常常工作到 22 点后才下班回家，即便知道该休息了，也要刷一两个小时的短视频才能安心入睡，似乎这样才算给疲惫的一天画上句号。这种现象背后隐藏的就是"时间贫困"的问题。

"时间贫困"是由美国加州大学洛杉矶分校的凯茜·霍姆斯教授提出的概念。在著作《时间贫困》中，她指出：**当一个人感到自己缺乏自由支配的时间时，他便处于"时间贫困"的状态中**。这种状态会直接影响一个人的感受，使其即使从事高薪工作，也难以获得幸福感。换句话说，"时间贫困"会增加你的情绪成本。

是的，**情绪成本也是你的时间成本之一**。为什么这么说呢？成本原本是一个经济学术语，指的是为了进行生产经营活动或达到某个目的而必须耗费的资源。当你陷入"时间贫困"时，虽然你在财务上似乎没有直接的损失，但实际上**你投入了额外的情绪资源，进行了情绪劳动**。这种情绪劳动不仅消耗了你的心力，而且减少了你能够用于享受生活和追求个人目标的时间与精力。因此，从更宽泛的意义上讲，情绪成本确实是一种实实在在的时间成本。

为了探究"时间贫困"与幸福感之间的联系，霍姆斯教授组建了一个研究团队，旨在分析可支配时间与幸福感之间的关系。研究中，她将看电视、运动、陪伴家人、自我学习等所用的时间归为可支配时间，而将做家务、工作等所用的时间视为不可支配时间。

研究结果显示，当人们的每日平均可支配时间少于两小时时，他们会明显感到沮丧。这也是为什么许多经常加班的人会觉得一天下来身心俱疲。然而，令人意外的是，拥有过长的可支配时间同样不是好事。

根据研究结果，如果每日平均可支配时间超过 5 小时，人们的幸福感也会有所下降。我们可得出结论：**只有当你的每日平均可支配时间保持在 2~5 小时，你才会获得最高的幸福感。**

所以，从该结论出发，我们就能得到两个应对"时间贫困"的策略。

第一，职场人士最好养成早起的习惯。

我在企业工作时，每天 5 点起床写作，在 5 点到 6 点这段时间里，虽然我在写作，但我非常享受，因此这一个小时就成为我的可支配时间。由于我出门较早，地铁里乘客较少，我可以舒适地坐在座位上阅读电子书或是听播客，这段通勤时间同样被我视为可支配时间。这样一来，即便白天工作再忙碌，仅凭早上这些可支配时间，我也轻松获得了幸福感。

第二，工作压力没那么大，或暂时没有参加工作的人，也应当寻找有意义的事情来做。

你需要结合自己的兴趣爱好以及社会的需求来选择有意义的事情。你可以选择做一些能够带来收入的事情，也可以纯粹出于兴趣去做一些事情而不求回报，但重要的是这些事情必须是有意义的。通过这种方式，你可以将可支配时间控制在 5 小时之内，从而避免产生虚无感。

02 要素二：动机

不主动阻止时间流逝，会增加你获得自我效能感的成本。

什么是自我效能感？这是一个由心理学家阿尔伯特·班杜拉提出的概念，指个体对自己有效执行特定行为以达到预期结果的信心。简而言之，它是我们在面对任务时相信自己能够完成它的自信程度。当我们拥有较高的自我效能感时，我们更有可能采取行动去实现目标，即使遇到挑战也能坚持不懈；相反，低自我效能感会导致拖延、焦虑和失败感。

例如，假设你刚刚成功地完成了一次在线演讲，当下一次有人邀请你再次进行在线演讲时，你会感到这不是一件难事。然而，如果你在之前的在线演讲中突然忘词，在有几百名观众的直播间沉默了半分钟，那么你的自我效能感就会降低。在这种情况下，你可能会产生恐惧感，甚至拒绝参加类似的活动。

这样的经历不仅会让人在未来面对类似场合时感到不安，还可能侵蚀个人的信心。因此，每一次成功的经历对提升自我效能感来说都至关重要。有人说："**失败不是成功之母，成功才是成功之母。**"这意味着成功的经历能够为我们带来更多的自信，进而促成更多的成功。

现在回到"在时间成本上精打细算"这个话题。当时间在不经意间溜走时，你失去的不仅是时间本身，还有随之而来的自我效能感的下降，这将会导致你面临更高的时间成本。因为当这种情况频繁发生时，你可能会发现自己越来越难以按时完成任务。

例如，你原本计划在一个小时内完成工作，却因为不断查看社交媒体而拖延，直到几个小时后甚至第二天才完成。这种行为一旦成为习惯，不仅会导致任务堆积，还会让你对自己的时间管理能力产生怀疑。久而久之，这种负面心态会削弱你的自我效能感，形成一个恶性循环。

03 要素三：能力

缺乏时间预算策略，会剥夺你实现长期成长的机会。

电影《教父》中有一句台词：花半秒钟就看透事物本质的人，和花一辈子都看不清事物本质的人，注定拥有截然不同的命运。同样地，有时间预算策略的人，和时间预算策略匮乏的人，也注定拥有截然不同的命运。

有时间预算策略，意味着你有长远的规划，你会为自己每一天的时间设定明确的价值和用途。它要求你像管理财务一样管理时间，分配和规划每个时间单元，确保它们被用于最能产生价值的事情上。

当你具备有效的时间预算策略时，你能在客观上把更多时间投入某一种特殊技能的提升上。毕竟，**时间被投入哪里，产出就在哪里**。

比如，我在写作这一技能上，每天至少会投入 1 小时，周末投入的时间更长，一般为 3~4 小时，这样算来，我一周大约投入 10 小时，一年投入 520 小时左右。这个关于写作的时间预算策略首次实施于 2015 年下半年，因此，到目前为止，我为写作投入的时间已经累计超过 5000 小时了。

而缺乏时间预算策略的人，则更容易在日常琐事中迷失方向，他们可能会在低效的活动上花费大量时间，比如无休止地访问社交媒体、观看无营养的短视频等。这些行为看似轻松愉快，实际上却在无形中消耗着宝贵的时间资源，剥夺了学习新技能、发展兴趣爱好等实现长期成长的机会。长此以往，他们在成长之路上会停滞不前，逐渐失去竞争力，最后越来越迷茫，越来越焦虑。

04　最后的话

时间是雕刻人生的刻刀，每一刻都值得精心雕琢。

通过学习这一节，你理解了以下内容。

"时间贫困"会导致情绪成本增加；不主动阻止时间流逝，会增加你获得自我效能感的成本；缺乏时间预算策略，会剥夺你实现长期成长的机会。

在本章后面的几节中，我将利用具体的场景来详细介绍遇到相关挑战时的具体应对策略。

在休息日总被领导或客户打扰，怎么办

你在周末接过领导或客户的电话吗？ 当你接到这样的电话时，你会有怎样的感受呢？

有人表示，每当在休息日里接到领导或客户的来电，原本轻松愉快的心情会瞬间跌入谷底，感觉一天的美好都被破坏了。然而，领导或客户实际上只占用了我们的一小段时间，为什么我们会感觉如此糟糕，甚至需要花好长时间才能从这种负面情绪中走出来？

这就要和"时间贫困"联系起来了。

01 一通电话为什么会引发强烈情绪反应

你已经知道，当感到自己缺乏自由支配时间时，便会处于"时间贫困"的状态之中。这种状态不仅会侵蚀你的情绪价值，还会令你深感不安。在休息日这段宝贵时间里，你精心安排好了一天的行程，或是正沉浸在行程带来的愉悦之中，突然接到了领导或客户的电话，你会深刻感受到自由支配时间受到了猛烈的挤压。

为什么一个简单的电话就能引发如此强烈的情绪反应呢？

首先，休息日原本是我们用来放松和恢复精力的重要时段，一旦被打扰，你就会立刻感觉到自己宝贵的个人时间被侵占了。这种**侵占会给你带来一种剥夺感**，即使领导或客户占用的时间很短，这种突然的打扰也会**让你感到自己的计划被打乱，失去了对时间的控制**。

掌控感是人类这种物种的基本心理需求之一，当大脑感觉掌控感被剥夺时，人们会本能地感受到强烈的不适。比如，你正在观看一部惊心动魄的电影，但情节突然被一个长达 15 秒的广告打断。被强行打断观影过程就和在休息日突然接到一个工作电话一样，大多数人都会感到不好受，有人甚至还会因此暴跳如雷。

同样地，你原本在和家人享用一顿丰盛而精致的晚餐，突然的打扰不仅是对时间的侵占，也是对掌控感的剥夺。**剥夺感会让人感到自己的生活受到了侵犯，从而引发强烈的情绪反应**。

有一次，在我和家人一起为儿子庆祝生日的时候，老板不合时宜地打来了电话。那次，我能明显地感受到，我是在用自己的职业素养压抑着自己的负面情绪。

这真是"你有你的计划，世界另有计划"。

此外，这种打扰还可能触发一系列连锁反应。比如，一通电话可能迫使你立即做出决策，这会让你的大脑从放松模式快速切换到工作模式，消耗掉大量能量。即便是简单地回复一个消息，也可能让你陷入思考工作问题的状态，影响你后续的放松计划。

可见，一通看似简单的电话之所以能引发如此强烈的情绪反应，是因为它触动了我们珍视和掌控时间的需求。在休息日里，这种需求尤为强烈，因此哪怕是短暂的打扰，也会让我们感到自己的个人时间被无情地侵占了。

02 运用 4 种策略，重获对时间的掌控感

既然我们已经了解了一通电话引发强烈情绪反应的本质，接下来，我们就要运用有效的策略来应对这类情况，以减少负面影响，并重获对时间的掌控感。

策略一："延迟回话"策略。

延迟回话意味着你可以选择不直接接电话，而是在自己做好准备后再回电话。这是一种非常有效的策略，可以帮助你更好地掌控自己的时间，在处理工作事务时保持冷静和专业。

这又是什么原理呢？

首先，**接电话的动作是被动的，而回电话的动作是主动的。**只要做一件事情是你的主动行为，那么你就有时间上的选择权。选择权可以带来掌控感，正如我们在前文提到的，**掌控感是人类的基本**

心理需求之一。当你的这种基本需求得到满足之后，你就不太容易受工作电话的影响，即使需要处理自己的情绪，在客观上为工作电话付出的时间成本也能降到最低。

如果领导或客户打不通你的电话，又选择通过微信给你留言，怎么办？

那就更好了，通过微信留言，你更容易了解相关事情的轻重缓急。如果的确是紧急事件，处理它刻不容缓，是你的职责所在，那么你应义不容辞。如果是一件无伤大雅的小事，那么你就可以安心运用"延迟回话"策略了。比如，用完餐，把家里整理得干干净净之后，再回话处理这件小事。

策略二："营业时间"策略。

你可以为自己设定工作日下班后或休息日的"营业时间"，在这段特定的时间里处理所有与工作相关的事宜，而非全天候待命。这样，你可以有所准备，有效减少因在非工作时间处理工作事务而产生的负面情绪。

这里有一个注意事项。

很多人会提前和领导或客户约定，这样做看起来合情合理，但在实际操作中会让自己处于十分被动的境地。因为"过于明确的承诺"存在副作用，比如，可能会导致领导或客户在非约定时间遇到紧急情况想要找到你时感到不便或不满。

而且，**一旦你向他人公布了明确而具体的"营业时间"，你就**

可能在等待这段时间到来的过程中感到焦虑或不安，这反而增加了你的心理负担。

因此，所谓的"营业时间"应是你为自己量身定制的，你应让在固定的时间、固定的地点做固定的事情成为一种习惯，以此最大限度地提升对时间的利用效率。"营业时间"不应成为领导或客户限制你的镣铐。

策略三："接受"策略。

有一句话我非常喜欢：愿老天赐予我勇气，让我改变可以改变的；愿老天赐予我平和的心态，让我接受无法改变的；愿老天赐予我智慧，让我分辨两者的不同。

如果你的工作收入非常高，以至于你舍不得离开岗位；或是你非常需要这份工作，以至于无法想象没有它的生活，"接受"也可能成为一个选项。你可以将在休息时间被领导或客户打扰视为工作的一部分。这样一来，你就不会那么纠结，也能更好地为应对在休息时间被打扰的情况做好心理准备。

尽管这可能不是最理想的解决方案，但在某些情况下，接受并适应现实可能是最实际的选择。关键在于如何调整自己的心态，以及如何有效地管理情绪，以便在被打扰后能够迅速恢复正常的生活节奏。

策略四："逃生舱"策略。

如果你已经被领导或客户的打扰搞得心力交瘁，到了忍无可忍的地步，再也无法接受这种情况，那该怎么办呢？

曾有人问《掌控关系：人人都需要的关系百科》的作者熊太行："熊老师，我在目前的工作环境中深感疲惫，产生了离职的念头。但一想到当初为了顺利入职历经重重挑战，我就会因不舍之前的付出而摇摆不定。我该如何是好？"

面对这样的苦恼，熊老师用了一个问题来引导对方思考："想象你是一名航天员，在遥远的太空站执行任务，不幸遭遇火灾，火势失控，你该怎么办呢？"

对方答："自然是迅速登上返回舱，安全返回地球。"

熊老师追问："此刻，你会为放弃执行任务感到惋惜吗？"

对方又答："不会，因为生命安全至上！"

是的，这就是**著名的"逃生舱"策略——无论我们多么致力于保住工作、追求晋升或增加收入，都应预留一条脱身之路。在职业生涯中遭遇极端困境时，确保自己拥有抽身的能力至关重要。**

为此，熊老师还提出了一项具体指南：根据个人基本开销，预先准备一笔至少能覆盖 3 个月开支的应急基金作为离职缓冲金。对很多职场人士而言，这便是打算离职时能够做出决定的底气。

03　最后的话

在这个快节奏的时代，在休息日总被领导或客户打扰或许是你的常态，令你**不胜其烦，不堪其扰**。但在你被工作追赶时，请不要忘记生活本来的样子。因为无论你的工作多么繁忙，无论你多么热爱工作，工作的目的都是更好地生活，生活始终大于工作。

为此，你应该用好四大策略："延迟回话"策略、"营业时间"策略、"接受"策略和"逃生舱"策略。

愿你拥有智慧，去分辨可以改变的与无法改变的；拥有勇气，去改变可以改变的；拥有平和的心态，去接受无法改变的。在这个纷繁的世界中，愿你获得对时间的掌控感。

无法专注，怎么办

在休息时间，无法专注导致的时间浪费往往比来自领导或客户的干扰更加令人懊恼。

比如，你计划利用一个宁静的周末午后写一份报告，然而在书桌前坐下不久，便不由自主地起身去洗手间；从洗手间回来后，感觉腹中似乎少了些什么，于是开始寻找小零食来填补空虚；不久后，一条微信消息打破了片刻的宁静；紧接着，手机屏幕上弹出的新闻又吸引了你的注意……当你终于回过神来想要认真写报告时，一个小时就这样悄无声息地流逝了，而你发现自己连开头都没有写完。

01 为什么无法专注

通常情况下，导致人们无法专注的原因主要有 3 个。

原因一：电子产品让人们分心。

在我所著的《行为上瘾：拿得起放得下的心理学秘密》一书中，我探讨了现代电子产品及其背后的产品经理是如何巧妙地争夺用户的注意力的。在这个信息时代，**一切商业竞争的本质都是争夺用户的注意力**。因此，那些高明的产品经理总能绞尽脑汁，运用各种手段，设计出能引起用户注意的应用程序。

例如，当你正全神贯注地制作一份重要的 PPT 时，计算机屏幕右下角的微信图标突然闪烁起来——有人发来了消息。

即便你已经尽量减少了干扰，比如关闭了计算机上的微信应用程序，但手机上的各种应用程序仍然会不断地推送新消息，提醒你世界在不断变化，有新的信息等待你去查看。手机的消息提示音就像是无形的手，在不经意间将你的注意力从你手头的任务上拉走。

进一步而言，现代电子产品不仅通过视觉和听觉信号吸引用户的注意，还通过精心设计的用户界面和交互方式激发用户的好奇心。比如，许多社交平台都采用了无限滚动的设计，这使得用户在浏览内容的过程中几乎感觉不到停顿，从而不知不觉地花费了数小时。**这种设计的巧妙之处在于，通过提供连续不断的刺激，让用户在不经意间对内容形成一种习惯性的依赖，进而难以摆脱它们。**

除此之外，许多应用程序还会根据用户的喜好和行为模式进行个性化推荐，这意味着只要用户打开应用程序，就能立刻看到可能感兴趣的内容，这种定制化的体验进一步提升了用户对特定应用程序的黏性。时间就在用户浏览内容时悄悄溜走，甚至不曾"挥一挥衣袖"，就"带走了所有的云彩"，用户原本计划用于专注做某事的一整段时间变得支离破碎。

原因二：笼统的任务目标让人们无法集中注意力。

除了外界干扰，我们再来说说人们自身的影响。从心理学的角度看，缺乏明确的目标和计划也是导致无法专注的重要原因。我们面对一个模糊不清的任务时，往往会感到困惑，不知道应该从何处着手。这种不确定性会增加我们的认知负担，使我们不知所措，继而更容易受到外界干扰的影响。**这就好比你的领导给你布置了一个非常笼统的任务，并且没有提供清晰的执行路径，你可能会感到困惑，无处着手。**

举个例子，假设你计划在周末完成一个报告，但你并没有给自己设定具体的任务细节，只是想着"今天要把报告写完"。这种模糊的目标会让你的大脑在开始工作之前就已经感到认知负担过重，因为你不清楚从哪里开始，哪部分是优先级最高的，哪些部分是可以稍后处理的。

结果，你可能会发现自己一会儿整理资料，一会儿又开始思考报告的结构，甚至开始搜索相关的背景信息，导致注意力在多个方面游移不定。这么折腾了十几分钟后，你的大脑开始觉得疲倦了，它就会促使你去吃点零食、喝口水，哪怕起身走几步也好。但恰恰就是这么一倒腾，注意力就更加涣散了。

原因三：内部打断令人们来回切换任务。

可是，有一个清晰的目标，就能立刻进入心无旁骛的状态吗？还是不能，人们仍然会面临内部打断，这些打断依旧会让人们难以保持专注。

什么是内部打断？**它是由你自身的思绪或冲动引发的注意力转移。**比如，当你正专注于完成某个任务时，你的脑海中突然产生了完全不相干的想法，比如：今天的股市行情怎么样，买的股票是涨了还是跌了；今天中午吃什么，好像附近新开了一家专卖海南鸡饭的餐厅。这种思维跳跃会让你的大脑从当前的任务中抽离出来，开始思考这些无关紧要的事情。

内部打断之所以会削弱你的专注力，是因为它们迫使你来回切换任务。这种切换不仅耗费时间，还会消耗大量的认知资源。根据心理学研究，**即使是最短暂的注意力转移，也会显著降低工作效率和创造力。**这是因为重新投入原先的任务时，你需要花费额外的时间和精力来建立"前情提要"，才能恢复到之前的思维状态。

例如，假设你继续计划在周末完成一份报告的初稿，你已经给自己设定了具体的目标和计划，但当你坐在书桌前开始工作时，你的思绪却开始游离。你可能会想到昨天未完成的一个小项目，或者想起自己还没有预订机票。这些想法不断在你的脑海中闪现，虽然它们看似微不足道，但却足以让你从当前的任务中分心，你可能会拿起手机查看一下邮件，或是上网查一下机票价格。这样一来，你原本的专注状态就被打断了。

这种内部打断不但会干扰你的工作流程，还会让你的大脑感到疲惫。当你试图重新集中注意力时，你会发现自己的思维不再那么敏锐，自己处理信息的速度也变慢了。这就是为什么即使你已经设定了清晰的目标，仍然可能会发现自己难以保持专注。

02 如何获得让人羡慕的专注力

策略一：进入专注状态前，屏蔽干扰因素。

尽管我认为自己已经相当自律，但每当计算机屏幕右下角的微信图标闪烁，或者手机推送新消息时，我还是会忍不住想要去查看。那么，如何才能有效避免这些干扰呢？

我通常会采用以下 3 种方法，这些方法经我个人实践证明非常有效。

第一，早起。我会选择在 5 点起床写作，一直持续到 6 点。因为这段时间内大多数人都还在休息，很少有人打扰我。因此，我可以在这段时间内做到心无旁骛。

第二，物理隔离。如果是在正常的工作时间，我会关闭微信，并将手机放置在另一个房间。这样一来，即使有人联系我，我也不会被打扰。你可能会担心，万一有紧急情况怎么办？实际上，真正的紧急情况很少发生，而且即便真的出现了紧急情况，最亲近的人也知道如何通过其他方式（例如家里的座机）联系到你。

第三，定时检查。如果是在办公室或图书馆工作，我会将手机调至静音模式，并在完成一小部分工作任务后，再查看手机。这样既可以保证工作不受干扰，又不会让我错过重要信息。

通过采取这些措施，你可以最大限度地减少干扰因素，让自己进入专注的工作状态。

策略二：给自己分派明确的任务。

我们已经了解到，笼统的任务会让大脑感到困惑，仅仅说"我要写作"或"我得写报告"只会让你产生"有一件事情没做完"的焦虑。但如果你将任务具体化，比如"今天吃午饭前，我要在书桌前完成这份报告的结构设计"或者"今天 16 点 30 分，我得赶在图书馆关门前，把这篇文章的原因分析部分写完"，任务就会变得非常明确，思维也会变得清晰。

请务必注意，设定特定的时间、特定的地点，再加上特定的任务，更容易做出特定的行为。这样做不仅可以帮助你更快地进入工作状态，还能有效降低分心的可能性。

策略三：运用沙漏番茄工作法。

你可能听说过番茄工作法，这是一种将工作时间分割成 25 分钟的专注时间和 5 分钟的休息时间的方法。那么，什么是沙漏番茄工作法呢？它实际上是番茄工作法的升级版。

所谓沙漏番茄工作法，其实就是购买一个约 25 分钟可以漏完沙子的沙漏。当你将沙漏倒置时，你就正式进入了专注时间。不要小看这个简单的倒置沙漏的动作，它**实际上是一个充满仪式感的行为。仪式感的作用是放大某种效果**，当你将倒置沙漏视为一个充满仪式感的行为时，专注的力量就在无形中被放大了。此外，沙漏还能作为一种**视觉提示，告诉周围的人你正处于专注时间内，**他们可以根据沙漏中沙子的余量来判断何时才是合适的打扰你的时机。

如果在沙漏番茄时间内，突然想要干一件其他的事情怎么办？不用担心，这里有一个简单的解决方案。如果你正在使用计算机处理任务，可以在计算机的程序里把这件事记录下来，稍后再处理；如果你没有使用计算机，则可以找一张草稿纸，记录你的想法。这样既能确保不会遗忘这些想法，又不会打断当前的专注状态。

通过采用沙漏番茄工作法，你可以更好地管理自己的时间，提高工作效率，同时也能享受短暂的休息时间，保持合理的工作节奏。

03 最后的话

在追求专注的路上，我们不仅要学会抵御外界的诱惑，还要善于管理思绪。正如航行需要灯塔指引方向，我们的每一次努力都需要以明确的目标与有效的策略作为航标。

实现专注不是一蹴而就的，而是需要不断地练习和调整。只要用好符合脑科学和心理学的策略，你也能在纷扰的世界中找到属于自己的一片宁静之地，让每一个瞬间都充满意义和价值。

愿你在未来的日子里，能够驾驭时间，让每一刻都熠熠生辉。

不知道该如何做好一年的规划，怎么办

　　每年年初，你是否会为自己设定一系列的年度目标？每年年末，你是否会反思这些目标的达成情况呢？很多人在年初时都满怀激情，然而随着日子一天天过去，当初那份热忱却逐渐消退了。结果，在一年结束之际，他们往往会发现自己未能实现当初设定的许多目标。于是，**在制订新一年的目标时，他们只能无奈地将去年未达成的目标稍作调整，作为目标继续追求。**

　　那么，你知道应该如何做好一年的规划吗？

01　主线任务、支线任务与非任务

　　我先讲一个经典的故事。

　　一位教授把一个透明的玻璃瓶放在讲台上，接着他拿起一盒高尔夫球往瓶子里倒。很快，玻璃瓶被高尔夫球填满了。

这时，他问学生："瓶子满了吗？"学生看着最上面的高尔夫球，纷纷点头："满了。"教授随后从包里拿出一袋玻璃小球，慢慢地将它们倒进玻璃瓶中，填补高尔夫球间的缝隙。然后他再次询问："现在瓶子满了吗？"学生看到瓶口的玻璃小球，再次表示："满得不能再满了。"教授开始施展他的"戏法"，他又拿出一罐沙子，小心翼翼地将沙子倒进瓶中，接着问："这回瓶子满了吗？"学生这下都不敢轻易作答了。教授满意地点了点头，最后他不慌不忙地拿出一罐可乐，缓缓地将那褐色的、冒着气泡的液体倒入瓶中。此时，全班同学都笑了起来。

倒完可乐后，教授对学生说："这个玻璃瓶代表你们的生活；高尔夫球象征最重要的事情，如保持健康、顾念家庭和发展事业；玻璃小球代表第二重要的事情，如培养兴趣爱好和社交；而沙子则代表不那么重要的事情，如看电视、玩游戏等消遣活动。如果你先用沙子装满了瓶子，那么瓶子里就再也装不下高尔夫球和玻璃小球了。因此，我们应该优先考虑重要的事情，因为除此以外，其他的一切都像沙粒一样微不足道。"

这时，一个学生突然举手，问道："老师，那可乐代表什么呢？"教授回答："可乐代表乐趣，无论你有多忙，都要记得给自己找点乐趣。"

你可能听过这个故事，但可能只是听一听，并没有真正付诸实践。人们常在一些无关紧要的非任务事情上花费了大量的时间，而最重要的主线任务与其次的支线任务却被忽略了。

那你清楚自己的主线任务、支线任务分别是什么吗？

让我来给你做个示范。

作为一个作家，我的主线任务自然是写作，所以我给自己设定的年度保底目标是出版 4 本书。

那么支线任务呢？我的支线任务有 3 种。

第一种，成长。我也需要通过阅读更多其他作家的作品来拓宽自己的视野，提升自己的认知水平。这不仅有助于我的写作，还能让我更好地理解这个世界。

第二种，保持健康。我必须要有良好的身体状态，而且运动还能让大脑变得更灵活，有助于提高做事的效率。

第三种，个人品牌建设。如果我能建立起自己的个人品牌，在短视频、图文平台积累足够多的粉丝，这必然会增加我的出版物的销量，同时也能扩大我的影响力。

所以，当你厘清自己的主线任务和支线任务后，你就相当于找到了自己的高尔夫球和玻璃小球，你就能更好地规划你自己的时间和精力了。

02　拆解主线任务和支线任务

不过，厘清了自己的主线任务和支线任务还不够。你还需要对它们进行拆解，使之能够变成每一天的行动。继续以我为例。

先拆主线任务。

一本书通常有 7 万 ~10 万字，每一小节的内容大致有 2500~3000 字。这意味着一本书通常由 30~40 个小节组成。以我个人目前的写作能力来看，**我每天大约能完成 3000 字**，超过此量就会感到疲惫。因此，我对自己的要求是，**在每周的 5 天里，每天都完成一个小节**。这样，每个季度至少完成一本书的保底目标就能够实现了。

再拆支线任务。

成长。阅读是我的主要成长养料，但我不仅仅满足于简单地浏览书籍。我会强迫自己将正在读的书拆解成 10~15 个小节，**为每一小节做大约 1000 字的读书笔记**。因为只有这样才能真正将其内化为自己的东西。此外，我还会将这 1000 字左右的读书笔记转换成音频形式，作为每个工作日我在成长社群中发布的内容，即**每周更新 5 个小节**。

保持健康。瑞典精神健康专家安德斯·汉森在他的著作《大脑健身房》中指出，每周进行 3 次（每次 40 分钟）能让心率显著波动的运动，如果坚持一年，可以使大脑中的海马体平均增大 2%。从脑科学的角度看，海马体不仅是记忆的中心，也是情绪的调节器，能够帮助人们在面临压力时保持冷静。因此，在保持健康方面，我会将**每周进行 3 次（每次 40 分钟）**的快走或跳绳作为我需要完成的具体行动。

个人品牌建设。在这一方面，我目前仍处于起步阶段，主要通过两个方面的行动来推进这一目标。一方面，我会将常年积累下来的读书笔记进行简单的改写，转化为每日思考成果，发布到我正在运营的成长社群中（如果你对我的成长社群感兴趣，可以搜索微信公众号"何圣君"加入）；另一方面，我也在积极尝试**每天拍摄一段时长为 30~60 秒的短视频**，并发布到各大短视频平台上。

《华与华方法》的作者之一华杉老师曾说过："**要想一天不虚度，必须留下成果物。**"当你能够定义自己拟取得的成果物，并将它们拆解为每周、每天应落实的具体行动时，你便能在主线任务和支线任务上积极种下"因"，在每年年末收获"果"。

03　长期高标准，短期低要求

我猜，你看完以上内容后，内心深处可能浮现出一个疑问：我能做到吗？事实上，我一开始也是做不到的。

比如在写作上，最初，我每周只能写 500 字；但经过刻意练习，每周能写 1300 字；再到后来，每周能写 3 篇（每篇 3000 字），其中周一到周五写一篇，周末每天各写一篇；直到将写作习惯保持了近 10 年的时候，才能做到每周写 5 篇（每篇 2500~3000 字）。

你看，我的成长也是循序渐进的，我并非一开始就给自己定过高的要求。对你来说，其实也是一样的。这里，我要特别向你推荐我自己领悟的一个心法，它可以总结为只有短短 10 个字的一个金句：**长期高标准，短期低要求**。

长期高标准，这样你能走得远。耶鲁大学曾经针对其毕业生做过一项历时超过 25 年的长期跟踪调研。调研结果显示，27% 的毕业生没有人生目标，他们的生活不尽如人意，充满抱怨；60% 的毕业生只有相对模糊的目标，这些人虽生活安定，但也止步于此；而 10% 的毕业生总是有清晰的短期目标，而且短期目标的达成率极高；3% 的毕业生拥有清晰的长期目标，他们几乎都成了商业领袖或社会中的精英。可见，如果你有清晰的长期目标，你未来成为精英的可能性也会更高。

短期低要求，这样你才能走得久。无论是写作还是阅读，如果你一开始就给自己设定一个难以达成的目标，那么你很可能难以坚持下去。但如果你在开始时只给自己设定一个容易实现的小目标呢？当你轻松完成目标的那一刻，你的大脑就会分泌内啡肽—— 一种能让你的大脑获得精神奖励的神经递质，它会让你产生成就感。随着时间的推移，你便会像睡前不刷牙就感觉不舒服那样，把这些具体的行动内化为难以改变的习惯。

你看，通过践行"长期高标准，短期低要求"，你既确保了每天都有成就，又实现了朝着长期目标迈进。

所以，如果你的主线任务是成长，我建议你"每天读 1 页书，写50 字的读书感悟"即可。你会发现，惯性的力量会让你停不下来，有时你一读可能就是十几页，一写就是 500 字以上。如果你某天很累，真的只读了 1 页，只写了 50 字，怎么办？那又有什么关系？须知：**小草不争高，争的是生生不息；流水不争先，争的是滔滔不绝**！

这个道理也适用于支线任务。

04　最后的话

在生活的旅途中，我们都是自己命运之船的舵手。面对未知的一年，不必畏惧，也不必迷茫。

当你能厘清自己的主线任务、支线任务与非任务，当你能将主线和支线任务拆解为每周、每日的行动，当你能践行"长期高标准，短期低要求"，那么，你也可以**"始于低谷，行于微末，终于巅峰"**。

是的，你每天的点滴积累，都将汇聚成未来不可忽视的巨大成就。只要心中有光，脚下有力，胸中有规划，那么一年后的你，必将站在比现在更高的地方。

如何把垃圾时间变废为宝

你每天有多少垃圾时间？

早上通勤的时间、中午在食堂排队的时间、吃完午饭后感觉头脑昏沉的时间、下班后被堵在路上的时间、周末陪孩子去培训中心后等待孩子的时间……这些垃圾时间虽然短暂，但累积起来却相当长。遗憾的是，很多人并没有很好地利用这些垃圾时间。于是，时间——这种对我们每个人来说都很稀缺的资源，就在不经意间悄然流逝。

01 为什么难以利用垃圾时间

你曾经也一定打过这些垃圾时间的主意。例如，在通勤的路上，你曾想利用这段时间读一本电子书，这样每天读一点点，一年下来肯定能读不少。然而，每当你试着读一会儿，眼睛就开始感到疲劳；环顾四周，有的人沉迷于游戏，有的人沉浸在电视剧中，露出满意的笑容。凭什么自己就得读电子书呢？于是，你关闭了电子书，毫不犹豫地打开了游戏应用程序，开始享受所谓的"快乐时光"。

这是很多人的常态，这和人类大脑的结构有很大的关系。**我们的大脑中有一个叫作"奖赏系统"的区域，它负责产生愉悦和满足的感觉。**当我们做轻松愉快的事情时，如玩游戏、看剧，大脑就会释放多巴胺，让我们感到快乐和满足。**相比之下，学习和工作等需要付出努力的活动，不仅不容易让我们立即获得多巴胺带来的愉悦感，还可能引发疲劳和焦虑。**因此，我们更倾向于选择那些能够快速获得奖励的行为，而不是需要长时间投入才能见到成效的活动。

此外，情绪也在我们的决策过程中扮演着重要角色。当你感到疲劳时，大脑中的前额叶皮质（负责理性思考的部分）的功能会减弱，而边缘系统（负责情绪反应的部分）则变得更加活跃。这意味着在疲劳状态下，我们更容易受到即时满足的诱惑，而非长远的利益。

这也是一些人知道那么多道理却过不好一生，无法知行合一的主要原因。

那么，是否存在一些顺应人性的策略，可以使我们有效利用垃圾时间呢？当然存在。

02 运用 3 个策略，有效利用垃圾时间

下面是经我自己检验非常有效的策略，这些策略能帮助我们有效利用垃圾时间。

策略一：一分钟精进策略。

什么是一分钟精进策略？顾名思义，它要求我们在垃圾时间里，一开始只需做一分钟有意义的事情，然后逐步增加时长。例如，我以前每天从家里到公司需要乘坐大约一个小时的地铁。如果一开始就强迫自己全程读电子书，我可能也难以静下心来。于是，从某一天开始，我决定只让自己看一分钟电子书；第二天，我在前一天的基础上增加一分钟，也就是看两分钟。就这样，每天增加一分钟，直到增加到 25 分钟为止。为什么选择 25 分钟呢？因为 25 分钟正好是一个"番茄时间"，看 25 分钟电子书标志着我已经完成了一个完整的学习单元。

为什么一分钟精进策略会有效果呢？

从脑科学的角度看，一分钟精进策略能奏效，有 5 个重要的原因。

第一，大脑有一种倾向，它会偏好那些最容易开始执行的任务。例如，将任务设定为每天增加一分钟的学习时间，我们实际上**降低了开始学习的难度，使得学习这个行为更容易被启动。**

第二，习惯的形成依赖于重复的活动与环境的结合。每天增加

一分钟的学习时间，实际上是**在构建一个新的习惯循环，最终使学习这项活动成为一种习惯**。

第三，**完成任务后，大脑会释放内啡肽，让我们获得成就感**。即使是一分钟的学习也能触发这种奖励机制，进而激励我们继续学习。

第四，随着时间的推移，我们逐渐适应了每天增加的学习时间，**这种逐步适应的过程减少了压力感，使我们更容易维持这种行为模式**。

第五，每天决定做什么会消耗我们的意志力。通过固定的时间增量，我们可以**减少决策次数，避免因决策疲劳而导致的效率下降**。

如果你能巧妙地运用一分钟精进策略，你就可以在不牺牲乐趣的前提下，逐步养成高效利用垃圾时间的习惯。

策略二：多巴胺对冲策略。

如果你家离公司不远，你平时又总抱怨没有时间锻炼身体，那么从家里慢跑到公司就是一个很好的选择。可是，如果你决定这样做，边缘系统可能又要劝你："还是骑共享单车吧，这样多省力。"这时，你不妨运用**多巴胺对冲策略，用一件你特别喜欢的事情来对冲让你感到不乐意的事情**。

我也曾经历过被边缘系统驱使，选择骑共享单车而不愿意用这段时间来慢跑，尤其是在炎热的夏天，稍微动一动都会出一身汗。但后来我发现自己喜欢听网络小说，而每次听完又会因为浪费了时间而产生一定的负罪感。于是，我就运用多巴胺对冲策略把慢跑与听网络小说相结合。

慢跑造成的身体疲劳与其间听网络小说带来的愉悦感对冲，因此我不会感觉太累。而且，网络小说中的精彩情节经常让人感觉欲罢不能，因此，我就会感觉时间过得特别快，有时甚至还期望从家到公司的这段路再长一点。

我曾听过一个有趣的故事。有人问神父：祷告的时候，可以抽烟吗？神父说：当然不行，谁那么大胆，居然想在祷告的时候抽烟。又有人问神父：抽烟的时候，可以祷告吗？神父听后觉得很欣慰：居然有人在抽烟的时候都不忘祷告，这人得有多虔诚啊。

这个故事给了我很大的启发。于是，我又开始在打游戏的时候听书。因为现在很多游戏都不需要集中注意力，我只需要机械地点击"自动战斗"就能开启一路打怪升级、搜集装备的流程。这种工业化游戏，在我这个曾经依靠"精湛微操作"排进亚洲前 1000 名的"骨灰级"玩家看来是很低级的。但不得不说，看到游戏角色升级和装备精进，的确能让大脑分泌多巴胺。在这种情况下，一个大胆的想法就被我付诸实践了：在读了 25 分钟电子书后，我也会在通勤的路上一边打游戏一边听书。

但是请注意，这种听书活动只能作为一种层次较浅的知识输入方式。在第二天早上的固定时间，我会结合自己的理解，把前一天所听的内容通过写作的方式记录下来，从而将其真正内化成自己的知识。当然，这样听书也能在客观上提高我第二天写作的效率。而对你来说，**如果仅仅想要扩展视野、提升审美素养，那么多巴胺对冲策略或许是一种不错的选择。**

策略三：触发策略。

所谓触发策略，是指给自己营造一个"一……就……"的场景。这种策略的核心在于利用条件反射原理，通过将某个特定的行为与一个固定的触发事件绑定在一起，来培养良好的习惯。一旦触发事件发生，你就会自然而然地开始进行预设好的行为。这样一来，即使是在垃圾时间里，你也能迅速进入状态，高效地利用这些时间。

"一……就……"的场景具体如下。

一上地铁，就背单词：每天通勤时，一进入地铁车厢，就立即打开单词学习应用程序，开始背单词。这样不仅能够充分利用通勤时间，还能在不知不觉中增加词汇量。

一吃完饭，就去散步：用完午餐后，就立刻起身去散步。这样不仅可以帮助消化，还能清醒头脑，提高下午的工作效率。

一排队，就读双语书：在任何需要排队等待的场合，如在食堂排队买饭时，拿出手机，开始阅读双语书。这样既能打发时间，又能提高语言能力。

一堵车，就听播客：上下班途中遇到交通堵塞时，一发现车辆停滞不前，就立即打开播客应用程序，收听自己感兴趣的节目。这不但能缓解堵车带来的焦虑，还能学到新知识，收获情绪价值。

通过运用触发策略，我们可以让大脑做出习惯性的反应，一旦触发事件发生，相应的学习或提升行为就会自动"启动"。随着时间的推移，这些行为将成为我们日常生活中不可或缺的一部分，帮助我们在看似微不足道的时间里取得意想不到的进步。

03　最后的话

在这个快节奏的时代，每个人都渴望高效利用时间，却往往忽视了那些看似微不足道的垃圾时间。通过运用一分钟精进策略、多巴胺对冲策略以及触发策略，我们可以将这些时间转变成自我提升的机会。**每一个小小的进步都是成功的积累，每一分每一秒都值得我们去珍惜和利用。**

正如一位智者所说："**时间就像海绵里的水，只要你愿意挤，总还是有的。**"不要让时间白白流逝，而是要让每一分每一秒都充满价值。从今天起，让我们共同踏上高效利用垃圾时间的旅程，让其助力我们走向自由。

如何运用 123 法则杜绝拖延症

你或许听说过下面这个公式。

$$1.01^{365} \approx 37.78$$

这个公式意味着，如果你每天比前一天进步 1%，那么一年之后，你会取得显著的进步。这类似复利效应——资产以复利计息时，经过若干期后，资产规模将超过以单利计息的资产规模。

时间作为一种宝贵的资产，当你将其视为一种可以产生复利效应的资源时，其价值就变得无比大。如同财务上的复利效应一样，时间上的复利效应指的是，当我们每天都能比前一天进步一点点，这些小小的进步会在长期内实现指数级增长。

然而，有一种因素常常阻碍我们应用时间上的复利效应，那就是拖延症。拖延症不仅会消耗宝贵的时间资源，还会降低我们的生产力和创造力，使我们无法充分利用时间上的复利效应来实现个人成长目标。

因此，在这一节中，我将介绍 123 法则，来帮助你杜绝拖延症，确保你能够充分利用每一天，不断进步，实现掌控时间的目标。

01 1，专注 1 个任务

123 法则中的"1"，是指每次只专注 1 个任务。

请你回忆一下，小时候参加期中、期末考试的时候，做题的你会有拖延症吗？答案通常是否定的，因为在彼时彼刻，你的注意力高度聚焦在做题上。

但现在，尤其是在节假日，时间在快速流逝，而摆在你面前的是诸多不同的选择。当你在这些选择中犹豫不定的时候，时间并没有因此而停下脚步。它悄然流逝，而你却未能真正开始执行任何一项任务。

为了避免这种情况，你需要像面对考试那样，专注于单一任务。

具体做法可以分成 3 个步骤。

第一步，整理书桌。

朱熹在《童蒙须知》中这样写道："凡读书，须整顿几案，令洁净端正。"意思是说，在开始学习之前，应该先整理好书桌，使之整洁有序。这样做不仅可以减少能让你分心的事物，还能在客观上帮助你进入专注的状态。

虽然朱熹写的这篇文章是给孩童看的，但也十分值得我们成年人借鉴。请想象一下，如果你的书桌上凌乱不堪，还有薯片、牛肉干等零食。在这种环境下，你是不是没专注一会儿，就想吃点零食或摆弄一下桌上的小物件？

一个简洁、有序的学习环境的确有助于减少干扰，让你更容易进入专注的状态。

第二步，任务排程。

将你当天所有的任务都记录在一张纸上或者电子表格里。任务排程是确保你能够高效利用时间的关键步骤之一。通过清晰地列出所有任务，你可以更好地安排自己的时间和精力，确保完成每项任务。

而且这种方式很有仪式感，我们说过，仪式感的作用是放大某种效果，它能帮助你增强完成任务的动力。

第三步，挑选 1 个任务，开始执行。

在开始执行任务前，不妨闭上眼睛，想象你回到了学生时代的考场，周围的同学在翻卷子，讲台上的监考老师正在盯着你看。10秒过后，睁开眼睛。

短暂的想象可以让你迅速进入专注的状态，仿佛置身于一个需要全神贯注的环境中。这种方法有助于快速切换到工作模式，减少拖延的倾向。然后，开始执行任务吧！

02 2，落实 2 个动作

第一个动作，时不时确认任务的进展。

举个例子，假设我今天上午的任务是完成一篇 3000 字的文章，我写这篇文章并不是一气呵成的（事实上，很少有人写文章是一气呵成的）。而每次停顿时，我的思路都容易被头脑里冒出的各种想法打断。

这种现象是很正常的，因为从脑科学的角度看，我们的大脑总是倾向于寻找新鲜的刺激，这会导致注意力被分散。为了解决这个问题，我会在停顿的节点回过头来看看自己截至目前已经写了多少字了，计算该任务的完成进度是多少。

回顾的目的是，让我们的大脑获得自我效能感。告诉自己："我已经完成了 50%，我真棒！"通过这种不断给予自己正反馈的方式，你就能进一步增强自己的动机，坚定完成任务的决心。

第二个动作，为完成的任务做个标记。

如果你能为完成的任务做个标记，那么比起时不时确认任务的进展来说，你可以获得更多的自我效能感。

这就好比你在玩一个网络游戏，"时不时确认任务的进展"相当于你每杀掉一个小怪时，任务栏弹出的完成进度提示；而"为完成的任务做个标记"，则相当于你在 NPC（非玩家角色）处提交了已完成的任务。你在玩游戏时提交任务可以增长经验值，获得奖励装备。同样地，你在现实中完成具体任务后做的标记，也能让大脑获得完成感。

完成感是一种非常强大的心理机制，它可以激活大脑中的奖赏系统，使大脑释放内啡肽，让你产生愉悦感，从而增强你的动机。你可以回忆一下，在学生时代，当你完成了作业，你是不是有一种十分充实的感觉呢？对，这就是完成感。

通过为完成的任务做标记的方式，你不仅能够更好地管理自己的任务，还能够享受到完成任务带来的满足感。**这种感觉将为你完成下一个任务提供动力，进而形成一个因增强果，果又反过来增强因的正循环，推动你不断向前迈进。**

为完成的任务做标记的具体方式非常简单：如果你制作了纸质任务列表，只需在相应的任务上打钩即可；如果你使用的是电子表格，可以把完成的任务标记成绿色。

03 3，坚持 3 个习惯

第一个习惯，坚持早起。

如果我们把自己比作手机，**早起时我们有 100% 的电量，而熬夜时只剩下 10%~20% 的电量。**这两种情况，哪一种会让你更焦虑？答案显而易见，是后一种。

我已经帮你验证过了，因为我自己就是坚持早起 10 多年的受益者。在过去，我和很多职场人士一样，每天都有繁重的工作。但我坚持利用 5 点到 6 点这段时间写作，到现在已经完成了 15 本书的创作，11 本已经出版，其中两本还是销量达到 15 万册的畅销书。由于出版书所产生的收益足以养活一家老小，这也让我得以成为一名自由作家，并且偶尔还能接手一些自己感兴趣的项目。

通过早起，我不但获得了更多的高效能时间，而且在自己的写作事业上获得了可喜的成果，实现了个人自由与经济独立。

第二个习惯，坚持复盘。

复盘的目的是更好地完成任务。既然已经为完成任务投入时间了，那我们就要设法保证每次进步 1%，这样才可能让自己的时间投入具有复利效应。

复盘的方式其实没那么复杂，你只需要思考以下 3 个问题。

什么事情可以继续做？

什么事情应该停止做？

什么事情这次没做，下次可以开始做？

复盘的频次可以是一周一次，待你熟悉之后，每月复盘一次就足矣。

通过复盘，你可以更清晰地认识到自己的工作模式和效率，找出有待改进的地方，并不断优化自己的行动策略。这样你就能更好地完成任务，在持续进步中收获自我效能感，形成良性循环。

第三个习惯，坚持庆祝。

庆祝是一个非常重要的仪式，在庆祝中，你需要放大自己获得的正反馈，利用正反馈激励自己不断地践行 123 法则。

什么样的事情值得庆祝呢？例如，完成一个大项目或实现一个短期目标。同时，你可以根据自己的喜好和具体情况选择合适的庆祝方式。例如，我在每次收到出版社的稿酬后，就会买一些平时觉得性价比不高的珍贵食材，让全家人大吃一顿。这样做不仅能为生活增加乐趣，还能让我获得家人的支持和鼓励，从而坚持写作。

你看，庆祝是不是一个一次投入、多次产出（享受成功的喜悦、巩固已有成果、激发内在动力）的动作呢？

04　最后的话

在杜绝拖延症的路上，**每一步虽小，却意义非凡；每一次改进虽微不足道，但都是向着更大成就迈进的重要步伐。滴水穿石，非一日之功。**获得想要的结果并非偶然，而是源于对理想的不懈追求。

当你将时间视作最宝贵的财富，用心利用每一分钟，你会发现，那些看似微不足道的努力，终将汇聚成改变命运的力量。有策略地拥抱每一个清晨，珍惜所有时光，你将拥有创造奇迹的无限可能。愿你在时间的长河中，杜绝拖延症，乘风破浪，抵达理想的彼岸。

如何拥有出众的时间分配能力

"时间就是金钱。"这句话你可能已经耳熟能详，然而，时间的价值远超于此。因为时间不仅具备在未来转化为金钱的潜力，而且本身就是我们体验这个世界的载体。这就如同一句话所说的那样：**生活就是懂得珍惜时间，然后把它浪费在美好的地方。**

因此，如果你拥有出众的时间分配能力，你不仅能将时间成本降至最低，还能最大化地提升利用时间产生的效果。

那么，如何才能拥有出众的时间分配能力呢？答案涉及两个关键方面：**一是拥有制订计划的能力，二是拥有强大的自控力。**

然而，在现实生活中，我们往往不缺乏制订计划的能力，**最难的则是如何从知道发展到做到，如何做到知行合一。**

"知行合一"是王阳明提出的核心理念之一，指的是知识与行动应当一致，即了解之后立即采取行动，而不是停留在理论层面。要真正做到这一点并不容易，但我们可以通过提升自己的自控力来实现。

01　自控力的"3个火枪手"

你可能听说过菲尼亚斯·盖奇的故事。1848年9月13日，一根铁棍刺穿了他的左脸，接着穿过他的前额叶飞了出去。但非常幸运的是，盖奇居然奇迹般地活了下来。可是，大难不死，却未必有后福。以前盖奇是个很有耐心的人，但经过这次变故，他变得暴躁，更重要的是，他完全丧失了自控力。这是为什么呢？

你猜得没错，因为铁棍损坏了他的前额叶，而前额叶正是人类大脑中负责理性决策的功能模块。从脑科学的角度看，前额叶主要可以分为3个区域。

左侧区域：负责鼓励你"迎难而上"。例如，当你在进行艰苦的锻炼时，这一区域会促使你坚持下去，克服困难。

右侧区域：负责帮助你"克制冲动"。例如，你在减肥期间，看到请客的同事把奶茶放到你的工位上时，这一区域会驱使你摆手拒绝，尽管同事离开后，你可能会忍不住吞咽口水。

中部区域：负责管理"长远目标"。这一区域的能力越强，你就越能坚定地采取行动并拒绝眼前的诱惑。

这就是自控力的"3个火枪手"，他们肩并肩，手拉手，合力构成了你大脑中的"自控系统"。

但仅知道前额叶的区域分别负责什么并不能提升我们的自控力，更无法让我们践行给自己制订的时间分配计划。通过有效的方式去锻炼前额叶，这才是关键。有关脑科学的研究结果发现，有 3 个小妙招对提升自控力十分有效。

02　提升自控力的 3 个小妙招

第一个小妙招：身心强化训练。

斯坦福大学心理学教授凯利·麦格尼格尔指出，**睡眠、冥想和有氧运动、呼吸训练都能有效地提升前额叶的功能。**

就像肌肉在活动后需要休息一样，前额叶在经过一天的辛勤工作后，如果能得到充分的休息，就能得到恢复；冥想和有氧运动能促进大脑的血液循环，进而增强前额叶的功能；呼吸训练则是一种随时随地可以用来抑制冲动的训练方式。一项实验结果表明，让一群滥用药物的成年人每天进行 20 分钟的呼吸训练，每分钟只呼吸 4~6 次（也就是每次呼吸刻意用时 10~15 秒），他们滥用药物的冲动得到了明显的抑制。

第二个小妙招：感受冲动练习。

华盛顿大学上瘾行为研究中心的鲍恩教授曾组织过一个心理学实验，这个实验非常有趣，叫作"烟鬼忍耐实验"。鲍恩教授找了 12 个吸烟人士，让他们在实验前的 12 小时内强行忍住不吸烟。接着，他把受试者领进一间实验室，实验室的桌子上摆了 12 盒受试者喜爱的香烟。随后，鲍恩教授开始"折腾"这些吸烟人士。

"请拿起烟盒，停下，看它 2 分钟""请拿出一根香烟，停下，看它 2 分钟""请把香烟放进您的嘴里，停下，持续 2 分钟"……这一实验持续了近 90 分钟。事后，鲍恩教授请这 12 位受试者记录自己每天的吸烟情况。一段时间后，经调查发现，其中 6 人的吸烟情况和之前相比没有任何变化，但另外 6 人的吸烟冲动减少了超过 30%。

这 6 个人为什么会有那么大的变化呢？因为在此之前，鲍恩教授还邀请他们做了额外的感受冲动练习，即当冲动袭来时，不去试图控制它，而是花上 60 秒切实地感受它，体会自己的身体与情绪会发生什么变化。接着，根据自己的目标行动，而非冲动行事。

该实验值得你借鉴的部分是，**如果你在打算学习的时候突然想拿起手机打开社交媒体，不妨做一做感受冲动练习，花上 60 秒感受自己的情绪与身体变化，然后继续学习。**

第三个小妙招：学会自我原谅。

再来看一个实验。实验者邀请了一批过分关注自己体重的年轻女性作为受试者参与实验。起初，实验者以促进科研为由鼓励受试者在 4 分钟内吃完一些糖果，并喝下一大杯水，目的是让受试者产生负罪感。

随后，实验者随机挑选了一半的受试者，告诉她们："刚才有人说，她因吃了过多甜食而感到自责，但我想请你们不要太苛责自己。"而另一半受试者作为对照组，没有收到任何提示。之后，实验者再次端来各种糖果，请所有受试者试吃每一种，并要求她们按照自己的喜好对其进行排序，同时提示受试者，她们可以随意品尝。最终的实验结果显示，那些收到了自我原谅信息的受试者平均只吃了 28 克糖果，而没有收到信息的对照组成员则平均吃掉了 70 克糖果。

这个实验又可以给我们什么启发呢？当我们"又一次"没有按照预期践行时间分配计划时，告诉自己：**这是正常的。不要把注意力集中在"已经打翻的牛奶"，而要把关注点放在"提升的策略"**上。这样一来，我们将更好地践行计划。

03 做不容易让自己觉得疲劳的事

自控力是一种稀缺资源。这就好比金钱是有限的，如果你有 100 元，打算买大米，店铺 A 的大米价格为 4 元 / 斤（1 斤为 0.5 公斤），店铺 B 的老板是你父亲多年的朋友，你能以 2 元 / 斤的价格买大米。你会选择去哪里购买呢？别以为类似情形只会发生在金钱交易中，它同样也会出现在时间分配领域。

美国教育学家、心理学家霍华德·加德纳曾提出多元智能理论。这一理论认为，每个人都有不同类型的智能，包括但不限于语言智能、逻辑数学智能、空间智能等。我们从事符合自己智能类型的事情时，往往会感到轻松愉悦，不易感到疲惫。

因此，**为了更好地实现知行合一，你可以设法去探索自己的兴趣**

和优势。通过尝试不同的活动来发现自己的兴趣所在和长处。例如，我发现自己拥有语言智能，写作对我来说就是一种享受。别人可能写了 800 字就感到疲惫不堪，我哪怕已经写了 1500 字，也感到意犹未尽。有时候，在写完一篇 3000 字的文章后，我仍旧有足够的精力去拍摄一段短视频来充实这一天。相反，如果让我坐在计算机前写代码，那我可能只坚持几分钟就会感到难以继续，需要赶紧歇歇了。

所以，**每个人都应努力发掘自己的兴趣和优势领域，并在此领域内投入时间进行刻意练习。这样做不但能避免过度疲劳和自控力的浪费，而且会让你在每个"番茄时间"结束后，感受到技能有所提升。**

正如一句名言："**逆着人性做人，顺着人性做事。**"发现和打磨自己的优势，这是降低时间成本的必修课。

04　最后的话

真正的自由源于自律，而自律源于对人性的把握与策略的运用。当你拥有了出众的时间分配能力，你便拥有了实现目标的力量。

真正的强大，不是战胜多少对手，而是驾驭自己的时间，实现内心的平和与丰盈。愿你我在时间的长河中优雅地舞蹈，直到生命的最后一刻。

3

人际成本

专注自我，不再为"情"所困

为什么要专注自我，不再为"情"所困

有一种能力在网上备受关注，它叫作**"不硬接别人的话的能力"**。

这种能力的含义是，**你不必为了维持对话顺畅、避免尴尬，而勉强接住别人抛出的话题**。许多人出于好意，会下意识地努力让交谈对象感到舒适，甚至因此自诩拥有高情商。然而，这种做法往往会让自己感到疲惫不堪。

例如，在经过一天的工作之后，你好不容易搭上了回家的网约车，却遇到了一位健谈的司机。一路上他滔滔不绝，为了不让对话中断，你不得不全程应答。结果到了家，你不仅感到更累了，甚至连当晚的睡眠质量都受到了影响。

为什么"接话"会让你如此疲惫呢？**这是因为你在用情绪劳动支付人际成本。**

01 情绪劳动

前文我们提到了情绪劳动，可你知道什么是情绪劳动吗？

情绪劳动最初由社会学家阿莉·霍克希尔德在 1983 年提出，**它是指识别或预测他人的情绪，并根据这些情绪调整自己的情绪反应，进而积极地影响他人情绪的行为**。这种行为通常表现为更加关注他人的感受，而不是自己的真实情绪状态。在社交活动中，我们努力维持和谐氛围或是满足他人期望时，就会进行情绪劳动。如前面的例子中，在与人交谈时不断接话以避免沉默或尴尬，就是典型的情绪劳动。

相声演员潘斌龙曾在某节目中分享了一段自己的经历。

在他担任某剧组副导演期间，由于他当时的名气不够大，整个团队中几乎没有人把他放在眼里。为了保住这份工作，他不得不忍受各种不公平待遇。导演经常对他指手画脚，让他做一些琐碎的工作，如端茶倒水等。尽管内心十分不满，但他只能默默接受。有时候，他还需要联络群众演员，即使心里不愿意，也得面带笑容地拨打电话。与演员沟通时，他也必须小心翼翼地措辞，以免引起对方的不快。

那段时期，潘斌龙经常凌晨 3 点才能入睡，早上 6 点就要起床开展工作。睡眠严重不足加上不断的心理压力，让他感到身心俱疲。潘斌龙坦言，那段时间他几乎被压垮了，每天都过得非常艰难。

你看，需要处理的事情明明没有太大的价值，可为此花在协作上的情绪劳动却那么多。这可不得让人神经衰弱吗？

类似的情绪劳动还有很多，如在部门的团队建设活动中，你不得不表现出积极投入的样子；又如别人给你发微信后，尽管内心并不情愿，你还是会叹着气回复；再比如之前提到的，为了不让对话中断，你费尽心思接话。

长期从事情绪劳动很可能会导致情绪资源耗竭，让你感到精疲力尽，严重影响工作的效率和个人的幸福感，甚至逐渐失去对生活的热情和动力。因此，我们需要专注自我，不再为"情"所困。

02　情绪劳动为什么让人感到疲惫

情绪劳动之所以会让人感觉如此疲惫，主要有三大原因。

原因一：情绪资源消耗。

情绪是一种资源，这种资源是有限的。它包括我们用来感受、表达和管理情绪的能量。**情绪劳动的本质在于调用自己的情绪资源去适应特定的社会角色或期望。**这种心理调节通常包括抑制自己的真实感受，以及表达与内心感受不符的情绪。这种持续的心理调节过程会消耗大量的情绪资源，导致你感到疲惫。一个人不断地压抑自己的真实情感，去迎合他人的情感需求时，就会产生所谓的"情感不一致"，加重心理负担。

在家庭聚会上，你可能不得不与某些亲戚打交道，他们总是对你的人生选择指指点点。尽管你对他们的话感到厌烦，但为了家庭和睦，你不得不保持微笑，礼貌地回应他们的评论。这种情况下，你就得控制自己的情绪，表现出耐心和友好，压抑自己的真实感受。即使心里并不高兴，脸上也要保持微笑。这种情感调节就会耗费大量情绪资源。

当我们**在日常生活中不断地进行这种情感调节时，情绪资源就会像电量一样被逐渐用尽**，此时，疲惫的感觉就会袭来。例如，在职场中，哪怕内心感到沮丧或不满，你也需要在客户面前保持专业的形象和乐观的态度。又如，和领导共乘电梯，即使你可能想要尽快结束这段短暂的行程，你也要努力表现出轻松愉快的样子，以塑造一种积极上进的形象。这些情景都需要你不断地调用情绪资源，以适应外部环境和社会期望。

原因二：认知失调。

认知失调是指一个人在行为与信念或价值观之间存在冲突时所产生的不适感。当你在社交场合中不断调整自己的情绪以适应他人的期望时，你的行为就可能与你的真实感受发生冲突。

例如，明明已经到了下班时间，手头上的事情也已经做完了，但由于周围人都没有要离开的意思，你也不得不待在工位上。此时，每一分钟对你来说都十分漫长，你内心渴望回家休息，但表面上还得装作若无其事地继续工作。也就是说，你不得不强行控制自己，表现出一种与内心愿望相违背的状态。

又如，朋友向你借一笔钱，你内心其实并不愿意借，因为你正计划用它解决自己的燃眉之急。但是，出于不想伤害友情的原因，你最终还是同意了。在这个过程中，你内心的矛盾——既希望帮助朋友又担心自己的财务安全——会给你带来额外的心理负担。这种矛盾也会不断消耗你的精力，导致你感到很累。

简而言之，认知失调涉及个人信念与行为之间的矛盾。**当你不断做出与自己的真实想法相违背的行为时，由此引发的矛盾会转变成一种持久的压力，从而增强你的疲劳感。**长此以往，累积的压力可能会导致你的情绪资源耗竭，影响你的心理健康和生活质量。因此，学会识别和处理认知失调，对减少情绪劳动的负面影响十分关键。

原因三：你在用情绪"做功"。

说到底，**情绪劳动本质上是"做功"的过程**，只不过这里的"做功"并非物理意义上的移动物体，它需要通过共情他人、给予他人情绪价值等方式来实现。

共情他人意味着理解并感受他人的情绪状态，这对建立良好的人际关系至关重要。在职场中，这可能意味着你需要站在同事的角度思考问题，理解他们的需求和担忧。在个人生活中，这可能意味着在朋友遇到困难时，你能够倾听他们诉说烦恼，给予他们支持和安慰。然而，这种共情并不是无代价的，它需要消耗你的自控力，尤其是当你不断地将自己的情绪置于次要位置，优先考虑他人的感受时。

给予他人情绪价值通常是通过说鼓励的话语、展示积极的态度或是沉浸式陪伴来实现的。例如，很多公司的副总经理之所以压力大，是因为他们不仅要完成公司定的 KPI（关键绩效指标），还需要经常伴随在公司创始人左右，通过各种方式来为其提供情绪价值。**事实上，提供情绪价值是一种复杂的情绪劳动，副总经理在为公司创始人的情绪"做功"。**

这种"做功"要求副总经理具备出众的业务能力，能够在压力之下勉力维持积极向上的态度，这实际上是一种高难度的心理挑战。比如，在公司创始人遇到挫折时，副总经理即使疲惫不堪，也要用积极的语言和态度来表决心、鼓舞士气，帮助公司创始人恢复信心。这种情况下，副总经理需要不断地提供情绪价值，以满足公司创始人的情绪需求，这无疑是对其情绪容量和情绪恢复能力的巨大考验。

03 最后的话

尽管情绪劳动让人感到疲惫，但它的确是人际交往中不可或缺的一部分。情绪作为一种既宝贵又稀缺的资源，我们应该像对待金钱和时间那样，学会合理分配并使用它。不要因为不好意思而随意消耗它，也不要因为缺乏策略而让自己的努力白费。

不是每一场对话都需要你参与，不是每一次对情绪价值的索取都需要你回应。只有学会适时放手，才能更好地控制自己的人际成本。接下来，就让我们一起在具体的场景中探讨如何有效地运用策略，真正做到专注自我，不再为"情"所困。

总是陷入无效社交，怎么办

无效社交让人身心俱疲。

你是否曾在一些社交场合与人交换了名片，并添加了对方的微信，但后来再也没联系过对方？

你是否曾因不好意思挂断朋友的电话而听对方足足吐了 2 小时的苦水，耳朵因长时间贴近手机而发烫，感觉自己仿佛跑了一场马拉松？

这些经历告诉我们应该仔细辨别无效社交和有效社交，以免落入社交陷阱。

01 无效社交和有效社交

什么是无效社交？ 它指的是那些未能给你的精神状态、情感体验、职业发展或日常生活提供任何正面价值的交往活动。

与无效社交相反，有效社交能够促进你的个人成长，帮助你获得情绪价值，实现职业目标和个人梦想。

假设你是砍柴人，与一个放牛郎在山坡上不期而遇，你们愉快地聊了一整天。他的牛在这段时间里吃饱了，对他来说，这是一次有效社交。但你的柴呢？你因为和他聊天耽误了砍柴，导致自己空手而归，那么对你而言，这就是一次无效社交。

你可能会觉得这么说有些功利。但**社交的本质其实就是一种交易，但这种交易并非传统意义上的买卖，而属于精神层面。**

在社会中，我们能在精神层面交易的东西大致可以分为两种：内部价值和外部价值。**内部价值主要涉及情感价值和认同感，它源于人际关系中的情感纽带，如友情、亲情等。而外部价值则是指社会资源**，如经济能力、职业地位、信息渠道等。

人们之所以容易陷入无效社交，是因为在社交过程中过于追求表面联系而忽视了底层价值。

02　底层价值流动的 4 种形态

底层价值流动大体上可以分为 4 种形态。

形态一：双输。这是最糟糕的一种情况，双方在互动后都没有获得任何好处，甚至还可能损失了一些有价值的东西。例如，在一次职场聚会中，两位同事因为一个小误会而发生争执，结果两人不仅没有解决问题，反而变得关系紧张，导致开展后续工作变得困难重重。

形态二：单赢。这种情况是指一方受益，而另一方没有得到任何好处，甚至有所损失。例如，放牛郎和砍柴人的情况就属于此类。

形态三：共赢。共赢是指双方在同一时间都能获得好处的情况。这种情况通常发生在有着共同目标的人之间，如团队成员共同努力完成了一个项目，每个人都从中受益。在日常生活中，当两个互为朋友的人共同参与双方都感兴趣的活动时，双方都会同时感到快乐和满足，这也是共赢的表现。

形态四：双赢。很多人认为双赢和共赢没有区别，但事实并非如此。它们的区别在于，共赢是大家在同一时间赢，而双赢则是大家可以在不同时间赢。双赢强调的是长期的合作关系，在这种情况下，双方都能够在不同的时间点获得利益。

例如，在职场中，一位部门领导指导新员工可能需要投入大量的时间和精力，从短期看似乎是领导亏了。然而，随着时间的推移，新员工通过不断学习和实践实现了技能提升和发展。新员工的成长和进步能够帮助整个部门取得更好的业绩，这对领导而言意味着可以被高层认可，未来也有可能拥有更大的职业发展空间。你看，新员工和领导的收益虽然不是同时发生的，但最终双方都能够从这种情况中获益。

这种类型的社交关系不但能持续发展，还能随着双方的成长而不断深化，形成一种积极的循环。双赢建立在互惠互利的基础上，每个人都在不同的阶段得到了实实在在的好处，从而促进了个人和组织的共同发展。

03 请警惕 4 种人

现在，你已经理解了如何通过觉察底层价值流动来判断一场社交是无效社交还是有效社交。在具体的实践中，你还需要特别警惕以下 4 种人。

第一种：没有边界感的人。

这类人往往不尊重他人的时间和空间，总是无休止地索取，却很少给予。他们可能会不断地寻求帮助而不考虑你的感受或负担。例如，他们可能会在你不方便的时候给你打电话，或者在你忙碌时要求你帮忙，而且从不主动回报你。与这样的人交往会让你感到疲惫不堪，因为他们没有意识到在人际交往中需要相互尊重。

第二种：爱占便宜的人。

爱占便宜的人总是试图从别人那里获取尽可能多的好处，却不愿意付出同等的努力或资源。他们可能经常提出不合理的要求，或者接受别人的帮助但从不回馈。在职场上，这类人可能会频繁地请求你帮忙完成他们的工作，但却很少在你需要时伸出援手。与他们交往会让你感到自己的努力白费了，而且常常感到被利用了。

第三种：**沟通成本很高的人。**

与这类人交流很难，这可能是因为他们情绪化、固执己见或者无法清晰表达自己的想法。与他们交谈时，你往往需要花费大量的时间和精力去解释基本的观点或协调意见。在社交场合中，你可能会发现与这类人交谈就像翻山越岭一样艰难，这不仅会耗费你的耐心，还会让你感到疲惫。与沟通成本高的人建立有效的关系是非常有挑战性的，因为他们往往不能有效地参与有意义的对话。

第四种：**不懂感恩的人。**

这类人接受帮助时从不表示感激，即便你向他们倾注了大量的时间和精力，他们也毫无回应。与不懂感恩的人打交道，会让你原本以为的双赢变成单赢——你默默耕耘，最后却迎来了"你输他赢"的悲剧。

与上述 4 种人交往时，你应该格外小心，尽量减少与他们的互动，以免陷入无效社交的陷阱。你应寻找那些能够与你共同成长、互相支持的人，与之建立健康、有效的社交关系。通过这样做，你可以更好地保护自己的时间和精力，确保每一次社交都是有价值的。

04　避免无效社交的 3 种策略

策略一：**别让不好意思害了你。**

太宰治在《人间失格》里说："我的不幸在于我没有拒绝的能

力。我担心，如果我拒绝别人，我会在对方心里留下一道永远无法愈合的裂缝。"

在社交中，我们常常因不好意思而不拒绝那些对我们无益的邀请与要求。然而，真正的友谊并不需要我们不断地付出，也不该让我们感到疲惫。**学会拒绝，不是无情，而是对自己的尊重。当你感到某次社交活动并不符合自己的价值观或利益诉求时，你不妨勇敢地说出"不"，这并不是冷漠，而是对自己的时间与精力的珍视。**

策略二：只筛选，不改变。

"物以类聚，人以群分。" 古人就已洞察到人际交往的本质，即志趣相投的人往往会自然地聚集在一起。**我们无法改变那些不愿意改变的人，但我们完全可以选择与谁同行。**在社交中，我们应当像园丁挑选种子一样，精心挑选那些能够滋养心灵、激发潜能的朋友。**"道不同，不相为谋。"** 不必与那些价值观与自己迥异的人维持虚假的和谐，只需专注于那些能够与你共同成长、互相支持的人。

策略三：相濡以沫，不如相忘于江湖。

"君子之交淡若水，小人之交甘若醴。" 《庄子》中的这句话深刻地揭示了高质量社交的真谛。与那些能够带给我们正面影响的人建立深厚而持久的联系，远胜过与那些只能带来短暂欢愉却无实质意义的人纠缠不清。有时，最好的做法就是各自安好，让彼此都有机会找到更适合自己的环境与伙伴。这样，我们才能为新的、更有意义的社交关系腾出空间。

05　最后的话

我们都是自己人生故事的主角，每一段旅程都应该充满意义与价值。选择与正确的人同行，能够让我们的道路更加宽广，步伐更加坚定。

是的，无效社交让人身心俱疲。所以**请学会珍惜自己的时间与精力，勇敢地对那些消耗我们而不予回报的人说"不"**。在这个喧嚣的世界中，愿你能够找到那些能滋养你心灵、激发你潜能的同伴，与他们一起走过每一个重要的时刻，共同创造美好而充实的人生。

知音难觅，贵在相知。愿你在前行的路上，总能遇见那些值得你用心对待的人。

总是被借钱，怎么办

被借钱是人际关系中极为棘手的一种情况。有人说：**"借钱考验感情，还钱考验人品。"** 在现实生活中，我们往往面临着"借出易而收回难"的困境。尤其是在需要提醒对方还钱时，较为内敛的人会觉得难以开口，而哪怕是那些较为外向的人，也可能会担心这种提醒会损害友情。因此，如果你经常被他人借钱，那么你所承担的人际成本是相当高的。

01 借还是不借，这是一个问题

遇到亲戚朋友借钱，借还是不借呢？

首先，一定不要一口答应或者一口回绝，而应为自己争取思考的时间。 你可以说："让我考虑一下，明天给你答复。"这样做的好处有 3 个。

第一，**给自己时间思考**。利用这段时间来评估对方的需求是否合理，以及借出这笔钱对你自身的影响。你可以冷静地思考借出这笔钱是否会影响你的日常生活或未来的财务规划。

第二，**避免冲动决策**。不要在情绪的驱动下做出决定，以免事后后悔。很多时候，我们容易做出冲动的选择，给自己留下遗憾。

第三，**收集更多信息**。可以通过询问对方更多的细节，了解所借资金的具体用途和其还钱计划。这不仅能帮助你更好地了解对方的真实需求，也能让你更有信心地做出决定。

只有经过深思熟虑做出的决策与允诺，才会更符合你的预期，才不会让你后悔。

其次，你需要针对收集的信息进行**分类讨论**。

第一类，初次求援，信誉可嘉。如果这是对方第一次开口求助，并且对方平时具有很高的诚信，你可以考虑量力而行，提供帮助。**第二类，情况紧急，刻不容缓**。在面对诸如医疗急救等紧急情况时，伸出援手更多是基于亲情和道德。**第三类，频繁借贷，信用透支**。对于那些频繁借贷却未能如期还款的人，你需要坚定地拒绝。

通常，在分类讨论之后，你就可以做出决定。

02　过好自己这一关

如果最后的决定是"不借"，那么你首先需要在心理上过好自己这一关。如果你觉得要过自己这一关很困难，则可能表明你在一定程度上拥有"讨好型人格"。

什么是"讨好型人格"？它是一种倾向于过度迎合他人的期望，以获取认可和避免冲突的性格特征。拥有"讨好型人格"的人往往会忽略自己的需求和感受，优先考虑他人的需求和感受，即使这样做可能会牺牲自己的利益或舒适度。这类人可能会难以拒绝他人的要求，尤其是当这些要求与自己的利益相冲突时。

通常来说，对一个拥有"讨好型人格"的人来说，在面临总是被人借钱的场景时，会感到非常痛苦，因为哪怕已经理性地做出"不借"的决定，但在感性上却仍然难以拒绝他人的请求。这种内心的冲突感会让他们难以自洽：一方面想要坚守自己的原则，另一方面又不愿意伤害对方或破坏和谐的关系。这种矛盾会导致内心的挣扎，使得他们在面对借钱的请求时倍感煎熬。

那么，究竟要如何过好自己这一关呢？接下来我给你提供3个策略。

03　被借钱时，用于拒绝的 3 个策略

策略一：红白脸策略。

红白脸策略是一种广泛应用于沟通、谈判和协商的策略，其主要目的是在不破坏关系的前提下达到自己的目标。具体来说，你可以表达出自己确实很想帮助对方，但是由于配偶或父母不同意，为了家庭和睦，自己实在难以借钱。这样一来，能够体谅你的亲友会理解你的难处，而那些胡搅蛮缠的人则会暴露出他们的真面目，这样你的拒绝就更合理。

策略二：打折赠送策略。

钱锺书是一位著名的作家，《围城》的作者。据说他有一个习惯，无论对方要借多少钱，他都会在这个数额的基础上打个折，然后将钱包成红包赠送给对方，不再期待对方归还。在现代社会，采用这种策略可能会被一些人利用，因此，这种策略更适用于那些你极其珍视、极其在意的关系。采用这种策略的好处有两个：一是你赠予的钱相对较少，你可以看作自己少存了一笔钱；二是以不期待对方归还的心态来看待此事，你的心境也会好很多，你不会出现精神内耗、心痛的情况。这是一种既照顾了人情，又体贴自己的"回绝法"。

策略三：第三选择策略。

第三选择是什么？例如，随着移动互联网金融的发展，你可以帮助对方研究哪些网络贷款更加可靠，指导他们通过正规渠道借贷，以帮助他们渡过难关。如果对方不仅不领情，反而指责你不肯帮忙，那么恰好能帮助你重新评估对方，让你的拒绝更合理。而且，这样做总比将来对方"不还钱、不回微信、不接电话"要好得多。

04 借钱后，用于催款的 3 个策略

如果你已经将钱借出去了，又不好意思催人还钱，或者担心催款效果不好，那又该怎么办呢？我在这里列出了 3 个用于催款的策略。

策略一：聊起消费巧转折。

催人还钱最难的就是做到既不生硬又能提醒对方。为了避免心理"硬着陆"，最好的办法是在聊消费时巧妙地转折，提醒对方："嘿，你欠我的钱可以还啦！"

具体怎么做呢？首先，你可以打开淘宝或其他购物平台，向对方分享自己最近看中的一个商品，向对方咨询意见，问对方这个商品值不值得买。在你们深入讨论之后，你可以"不经意"地说："对了，说到买东西，你好像还欠我的钱呢！"

此时如果对方有意还钱，就会立刻通过支付宝、微信等支付渠道实时把钱还给你。

值得注意的是，这个策略主要适用于那些真的忘记还钱的人。通过这样顺势引导，你可以用非常自然的方式请对方还钱。

策略二：红白脸策略。

然而，在不还钱的人中，并非个个都是真的忘了，有些则是"装

忘"。他们或许有自己的难言之隐，无法准时把钱如数归还。如果你抹不开面子给对方压力，此时又该怎么办呢？

答案就是：运用红白脸策略。

是的，在催人还钱的场景中，我们依然可以运用这一策略。你可以唱红脸，诉说对方也不容易，但你的爱人（唱白脸的人，也可以是父母）却屡次催促你向对方要回欠款，再拖下去就要造成家庭不和睦啦！

你可以通过这样的说辞，**暗示对方当初你借钱给他是出于体谅，现在他也应该反过来体谅你**。这样既能缓和关系，又能达到施压的目的，自然会有较大的概率要回欠款。

在具体的实施过程中，对方可能会表明确实存在困难，这时，你可以提出让对方"分期还款"。这样一来，既可以减轻对方的压力，也能显示出你的理解和灵活性，从而为自己减轻精神负担。

策略三：证据搜集有巧方。

有些时候，即使你已经使用了前面两个策略也依旧收不回欠款。如果欠款的数额较小，那你可能只能吃个哑巴亏；倘若欠款的数额较大，即使你想起诉对方，也可能得不到支持，因为在借钱时，由于情感负担，你可能没有让对方写下借条，这时候该怎么办呢？

一个非常有效的方法是通过微信、短信询问对方，语气可以温和一些："你欠我的10万元（其实对方欠你4.5万元）大概什么时候能还？我只是想了解一下。"如果对方没有看过本书，大概率会在看到消息后立即回复："不是 4.5 万元吗？"这样一来，你就搜集到了重要的证据。有时仅凭这条消息，你就有可能收回借出的款项。

这个策略源自我读 MBA（工商管理硕士）时的法律课教授。当年，她就用该策略帮助她的朋友要回了借出 5 年的 2 万元欠款。

05　最后的话

真正的友谊不会因为合理的边界而受损，反而会在双方相互尊重的基础上变得更加坚固。正如一句金句：**"真正的慷慨，是在给予时考虑周全，在接受时心怀感激，在拒绝时坦诚相见。"**愿你在每一次的抉择中，都能通过有效的策略，找到内心的平和与力量。

科学远离不值得交往的亲戚

人生犹如一段旅程，途中我们会遇到各种各样的人。与合适的人相伴，能够彼此滋养，共同成长。而与不合适的人同行，则往往相互牵绊，不断消耗彼此的能量。

虽然亲戚与你有血缘关系，但并不是所有的亲戚都能成为你生命中的正能量来源。面对那些消极、负能量满满甚至有害的亲戚，我们需要学会科学地处理这段关系，保护自己的心灵不受伤害。

01 请远离消耗你的亲戚

在某综艺节目中，陈铭老师曾分享过一段关于他父亲的经历。陈铭的父亲出身于农村，凭借着自己的不懈努力，在城市中建立起了一番事业。然而，随着他的成功，越来越多的老家亲戚开始登门拜访，寻求各种帮助。有的请求介绍工作机会，有的希望能将户口迁至城市，还有些人则是来借钱盖房……

陈铭的父亲本性善良，总是尽可能地伸出援手。然而，随着时间的推移，前来求助的亲戚数量不断增加，他们的要求也越来越过分。有些亲戚甚至在春节期间长时间住在陈家，除非得到帮助，否则不肯离开，这让陈家人倍感压力。一次，在情绪激动之下，陈铭的父亲愤怒地摔碎了酒瓶，并大声喊道："以后不要再来了！你们不再是我的亲戚了！"自此之后，陈家终于恢复了平静的生活，那些曾经一味依赖他们的亲戚也开始学着独立解决问题。

是的，在这个世界上，没有人天生就应该对另一个人负责。**余生很贵，请远离消耗你的亲戚，不在错误的人身上浪费宝贵的人际资源。**

02 如何辨别谁不值得交往

在辨别谁不值得交往时，有 3 个特征特别值得注意。

特征一：总是将自己的需求置于你的需求之上，不断地向你索取帮助，而忽视你的感受和需要。与他们交往会让你感到疲惫不堪，长期下去还会导致心理压力增大。例如，有些亲戚可能频繁向你借钱，尽管你已经多次帮助他们，但他们似乎永远都不会满足，而且从不提及偿还的问题。他们需要帮助时，总是理直气壮地来找你，但从不过问你的情况。例如，他们会要求你帮他们搬家，却不关心你是否方便，或者是否有自己的事情需要处理。很显然，陈铭的父亲的亲戚就具有此特征。

特征二：表面上对你关怀备至，但实际上却总是在关键时刻拖你的后腿。他们可能出于好意提出建议，但这些建议往往会让你陷入犹豫不决的状态，阻碍你的成长和发展。例如，当你打算创业时，他们可能会以关心为由告诉你这个行业太"卷"，劝你放弃又不给出具体的策略；当你考虑考研时，他们也许会提出关于年龄、经济的顾虑或其他看似合理的顾虑，试图说服你维持现状更为稳妥。虽然他们的出发点可能是好的，但这种持续的担忧和否定往往会削弱你的信心，让你错失良机。

特征三：倾向于习惯性地否定你的一切，无论是你的想法还是行动。这种无条件的否定会让你失去自信，影响你的决策能力和个人成长。无论你提出什么想法，他们总是第一时间否定，认为你的想法不可行。例如，当你提出想换一份更有挑战性的工作时，他们可能会立刻说："你现在的工作已经不错了，你何必折腾呢？"当你取得一些成就时，他们可能会说："这有什么了不起的，别人做得更好。"这种持续的打击会逐渐侵蚀你的自信。

03　如何科学远离不值得交往的亲戚

想要科学远离不值得交往的亲戚，我送你两个心法和两个技法。

先说两个心法。

心法一：放弃改变他人的欲望。

作为人类，我们对掌控感有着基本的需求。因此，当发现自己的亲戚不值得交往时，你的本能可能是想要改变对方。但改变一个人谈何容易。你需要认识到，每个人都有自己的生活方式和观念，以及早已实现自洽的"大脑操作系统"。

而尝试去改变他人，尤其是改变一个已经运作了几十年的"大脑操作系统"，往往是徒劳无功的。因此，请接受这一点，放弃改变他人的欲望。只有这样，你才能让自己拥有更好的心态，减少不必要的冲突和负面情绪。

心法二：遇见"烂人"，及时抽身。

在人世间能成为亲戚，确实是缘分。但即使有这份缘分，也没有谁天生就应该对另一个人负责。有一句话说得很好：**很多时候，帮是情分，不帮是本分**。但对于只知道索取、只想着占便宜的亲戚，"帮，成了本分；不帮，却成了罪过"。

不是每个人都值得你帮，不要在不值得的人身上浪费人际资源。你要懂得及时止损，你要不断提醒自己，遇见"烂人"，及时抽身。

再说两个技法。

技法一："阳奉阴违"。

一些亲戚的三观早就与你不一致了，见识与审美更是和你相差十万八千里，与其和他辩论，不如策略性地选择"阳奉阴违"。**这里的**

"阳奉阴违"听起来好像是个特别负面的词，但在这种特定的情形中，它却是一种能帮助你摆脱不必要的争执和消耗的有效策略。

假设你正计划换一份更有挑战性的工作，而你的某位亲戚却始终认为你应该安于现状，不要冒险。他可能会说："你现在的工作已经不错了，何必折腾呢？"

在这种情况下，你可以礼貌地表示理解，但并不一定要照着他的建议去做，你可以说："谢谢您的关心，我知道您是为了我好。我会好好考虑您说的话。"通过这种方式，你既表现出了尊重和感激，同时也保留了自己的决定权。这种方法避免了直接的冲突，同时也能让你继续按照自己的意愿前行。

再如，当你计划购买一台价格较高的笔记本电脑，用于提高工作效率时，一位亲戚听说后可能会说："花这么多钱买笔记本电脑不值得，你现在的笔记本电脑还能用啊。"你可以这样回应："嗯，你说得有道理，我会考虑性价比的。"这样，你既没有完全否定对方的观点，也没有放弃自己的决定。这种策略性的交流方式既能保持家庭和睦，又能让你按自己的计划行事。

所以你看，"阳奉阴违"在这里并非指不诚实或欺骗，而是一种富有智慧的沟通技巧，旨在避免不必要的冲突，同时保护自己的目标和计划不受干扰。

技法二：事以密成，语以泄败。

曾有一位心理学者说过："**低能量的人会否定你、评判你、攻击**

你，让你变得不够自信。"在这些声音中，你会陷入精神内耗，你身上的能量也会一点点被消耗殆尽。但是，无论是谁，当他们否定、评判和攻击你的时候，都需要一个着力点。如果没有着力点，那么他们就如同一拳打在棉花上。因此，**不要轻易透露你的计划，不要给他们着力点**。

回想 2008 年的一次家庭聚餐，那时我兴高采烈地向亲戚宣布我正在进行一个写书、出书的计划，但换来的不是他们的鼓励，而是一连串劝我放弃的声音。

"你没有写作的天赋。"

"你知道一个书号多珍贵吗？"

"你就算写完了，也不会有出版社为你出版的。"

听着这些来自身边人的打击，我的心理能量逐渐枯竭，我最终放下了笔，这一放就是 7 年。幸运的是，在 2015 年年底，我开通了公众号，每天清晨 5 点至 6 点，化身一名作者，悄悄开启了每日写作的"秘密计划"。

随后发生的事情你可能已经知道了：一本又一本完成并出版的书不仅为我的职业生涯开辟了全新的道路，更让我生出了宏大的愿景——一生撰写 50 部作品。这份愿景，犹如一颗种子，在"秘密计划"的滋养下，悄然生根发芽。

是的，**事以密成，语以泄败。有计划时，别说给亲戚听，你得悄悄干**。

04 最后的话

在这个纷繁复杂的世界里，我们每个人都在寻找属于自己的路。有时候，路上会有来自亲戚的支持与鼓励，但也会有那些看似出于好意却在无形中消耗我们能量的声音。须知，**获得幸福和成长是你自己的责任，而不是别人的义务。**

正如你所看到的，你科学地处理与那些消耗你的亲戚之间的关系，不仅可以保护你的心灵免受伤害，还能帮助你更好地专注于个人成长。放弃改变他人的欲望，遇见"烂人"，及时抽身，"阳奉阴违"，以及事以密成，语以泄败，这些都是帮助你在人生旅途中走得更远、更稳的重要工具。

在这个过程中，记得保持真诚与善良，但也要学会保护自己。正如一位智者所说："**在这个世界上，最珍贵的东西不是你拥有的财富，而是你选择与之同行的人。**"

没错，人在一生中一定要和让自己感到舒服的人在一起。无论是谁，与之相处时觉得累了就一定要远离。**取悦别人不如修炼自己，宁可高傲地孤独，也不违心地将就。**

拥有接受被讨厌的勇气

人际成本最高的事情，不是应对冲突，而是缺少接受被讨厌的勇气。

01　人为什么那么害怕被讨厌

人类是社会性生物，我们的大脑演化出了复杂的机制来帮助我们融入社群。从心理学和脑科学的角度看，害怕被讨厌或排斥是我们的一种本能反应，这种反应根植于我们的意识中。

从心理学的角度看，社会归属感是人类的基本需求之一。我们渴望被接纳、被爱，以及成为社群的一部分。当我们感到自己可能会被排斥时，这种基本需求就会受到威胁，从而引发强烈的负面情绪。根据马斯洛的需求层次理论，社会归属感属于社交需求——位于较高层次，高于生理需求和安全需求。当我们感到可能被别人讨厌时，这实际上触及我们的社交需求，让我们变得不安和焦虑。

从脑科学的角度看，社会排斥会激活大脑中的疼痛网络，包括 ACC（前扣带回皮层）和岛叶皮层等区域，这些区域与对疼痛的感知有关。这意味着被排斥的感觉在神经生物学层面类似于身体疼痛，因此我们会有强烈的动机去避免这种感觉。大脑的奖赏系统对社会反馈非常敏感。当我们得到正面的社会反馈时，大脑会释放多巴胺等神经递质，带来愉悦感。相反，当我们得到负面反馈或排斥时，奖赏系统的活动会减弱，进而使我们产生不快。这种负面反馈机制促使我们在社交中尽量避免冲突，以免遭受排斥。

与此同时，**不确定性也会引起焦虑**。当我们不确定自己的行为是否会招致别人的反感时，这种不确定性会提升我们的焦虑水平。大脑中的杏仁核负责产生情绪反应，尤其是对潜在威胁的情绪反应。当我们面临可能被讨厌的情况时，杏仁核会被激活，引发情绪反应，如恐惧和焦虑。

由此可见，喜欢被认可、讨厌被排斥，这是人类的天性。

02 一个人不可能被所有人喜欢

通常，顺应天性往往是人际成本最高的事情。不信？我们可以来做一个思想实验。

假如你的周围有 100 个人，如果你要让所有人认可自己，避免被排斥，那就得向这 100 个人都做出保证：我会努力让你感到满意。但是请注意，这里将有一个巨大的矛盾在等着你。

因为你不想被人讨厌，你会表示忠诚于这 100 个人。但真实的情况往往是，没有人能够做到让所有人都满意。不信守承诺的结果就是失去信用，让自己感到更加痛苦。

讨好所有人，就意味着彻底得罪了自己。 为了满足别人的期望而活，这是对你身边的人不负责，也是对自己不负责。你应学会接受被讨厌的可能性，而不是一味地迎合他人。

就像一句金句："**即便你是货币，也有人视金钱如粪土。**"

我很庆幸在很年轻的时候就领悟到了这一点。中学时代，我被班主任提拔为中队长。全班共有 5 位中队长，一周上 5 天学，每人负责一天，任务是监督同学们的课堂纪律。监督的方式很简单：谁违反纪律，就将谁的名字在中队长们轮流使用的小本本上悄悄记录下来。班主任对我们充满信任。

我负责的是周四。起初我发现，每周四被记录的名字总是最多的。难道同学们专门在周四捣蛋吗？后来我才意识到，原来是我执行任务时最严格公正。于是，每周四就成了同学们眼中的"黑色星期四"。然而，随着时间的推移，这一天的课堂纪律变得最好。

相反，在其他几个中队长中，有人内心拧巴，在"记名字"和"不记名字"之间陷入纠结，他们试图在同学们眼中保持友好形象，结果却失去了权威。而我，尽管一开始可能被认为严厉，但最终赢得了大家的尊重。这样的经历让我明白了，**真正的有勇气在于坚守自己的原则，即使这意味着可能会被一些人讨厌。**

"小孩子才做选择题，成年人全都想要。"很可惜，这一观点在讲究人际成本的世界中很难成立。

03　如何拥有接受被讨厌的勇气

拥有接受被讨厌的勇气能帮助你将人际成本降到最低，避免你陷入精神内耗。你可以通过"三步走"，来拥有这种勇气。

第一步，明确自己的价值观。

什么是价值观？它指的是一个人对周围的客观事物（包括人、事、物）的意义、重要性的总评价和总看法。要想明确自己的价值观，**你需要想清楚什么对你来说更重要，什么对你而言最重要。**你只有明确什么对你是重要的，你才可能在面临选择的时候懂得舍弃。

以罗翔为例，他是一位致力于普及法律知识的博主。从几年前开始，罗翔在哔哩哔哩上通过"法外狂徒"张三的形象，用幽默风趣的方式为大众讲解法律知识。然而，随着人气飙升，他也遭遇了不少非议。

有一次，罗翔提到"人不应成为荣誉的奴隶"。这句话被别有用心的人利用，他们在抗疫英雄接受表彰期间用这句话指责罗翔，给他贴上了"贬低英雄"的标签。随后，罗翔遭到了众人的猛烈抨击，有人指责他虚伪狡猾，有人认为他阴险狠毒，还有许多人表示不再支持他。

最终，这场风波以罗翔宣布退网告终。但他退网并非屈服于网友的负面评价，而是为了摆脱外界的干扰。退网之后，罗翔依然专注于学术研究和法律普及工作，并将其通过哔哩哔哩获得的收入捐赠给了儿童救助基金会。

这个故事就体现了罗翔的价值观，于他而言，真正重要的不是获得别人的喜欢和赞誉，而是追随本心，自在地做点自己热爱的事。

所以，明确自己的价值观是拥有接受被讨厌的勇气的第一步，也是关键的一步。只有当你十分清楚自己的价值观和目标时，你才能在面对外界的压力和批评时保持坚定，才可能领悟**"他强由他强，清风拂山冈；他横由他横，明月照大江"**的真谛。

第二步，学会课题分离。

什么是课题分离？它意味着要**区分哪些是自己的课题，哪些是他人的课题。**简单来说，就是明白自己不能控制他人的想法和行为，只能控制自己的反应。当你能够接受这一点时，你就不会因为别人的看法而轻易动摇。

作家余秋雨就曾在《山居笔记》中说："成熟是……，一种不再需要对别人察言观色的从容，一种终于停止向周围申诉求告的大气，一种不理会哄闹的微笑，一种洗刷了偏激的淡漠，一种无须声张的厚实，一种能够看得很远却又并不陡峭的高度。"

在具体的实践中，练习课题分离的关键在于把握以下 3 个要点。

接受现实：认识到你无法改变他人的想法，只能控制自己的行为。

保持界限：清楚地划分自己的责任范围，不要承担不属于自己的责任。

专注自我：将注意力放在自己的价值观和目标上，而不是他人的评价上。

通过练习课题分离，你完全可以在面对批评和负面评价时保持冷静，从而增强自己的接受被讨厌的勇气。

是的，**讨厌一个人，无须翻脸，不争不理即可；看清一个人，无须揭穿，敬而远之就行。**同样地，**我知道很多人讨厌我，没关系，你讨厌我是你的事，我怎么生活是我的事。**

第三步，从最小的事情做起，逐渐获得自我效能感。

我在之前的内容中说过，自我效能感是指个体对自己有效执行特定行为以达到预期结果的信心。它建立在经验和成功的基础上。当你从最小的事做起，逐渐积累成功的经验时，你会变得更加自信，也更不容易受到外界负面评价的影响。

那具体从什么最小的事情做起呢？

例如，**在微信聊天中不成为最后一个回应的人。**通常情况下，你可能会出于礼貌或担心被误解为冷淡，而在对话中成为最后回应的一方。然而，这往往会让你感到疲惫，因为总是在等待对方的回应，而不会主动结束对话。试着改变这种习惯吧！当你觉得对话已经自然而然地结束时，**不妨关闭对话框，而不是做最后回应的人**。这样做不仅有助于减少因过度在意他人反应而产生的心理负担，还能传达出你有自己的时间和空间，不会一直围绕着对方转的思想。

又如，**在冲突发生时，试着不再退让**。这并不是说要变得固执或与对方争论不休，而是指在尊重对方的同时坚定地表达自己的想法。通过这种方式，你不仅展示了自信的一面，还学会了如何在保持尊重对方的前提下维护自己的立场。这有助于你在未来遇到更大的挑战时保持冷静和坚定。

当你完成了这些小事，你会发现自己的内心变得更加坚强了。每完成一件小事，你都会体会到成就感，这种感觉会逐渐积累成强大的自我效能感。随着你成功地完成越来越多的小事，你的信心也会随之增强，你会发现自己越来越能够从容地面对更大的挑战。当你不再过分关注他人的看法时，你的焦虑程度也会下降，你会变得更加放松和自在，你也真正拥有了接受被讨厌的勇气。

04 最后的话

你无法让所有人满意，但你可以让自己满意。这就是接受被讨厌的勇气——勇敢地活出真实的自己，即使这意味着被某些人讨厌。

我想以这句话作为本节的结尾："真正的自由不是随心所欲，而是在不喜欢你的人群中，活得更像自己。"

不把关系越处越烂

如果说起与某人的关系越处越烂，你的脑海里会想起谁呢？

是的，每当提及逐渐恶化的关系时，每个人的脑海中或许都会浮现一两个名字。而且只要想起这些名字，心中就会有一种说不出的难受，这大大增加了我们的人际成本。这样的关系，可能是误解导致的，也可能是长期累积的小摩擦导致的。可是，为什么会这样呢？

01 为什么我们和一些人的关系会越处越烂

你和一些人的关系之所以会越处越烂，通常有 3 个原因：交浅言深、遇人不淑、期待过高。

先说交浅言深。

古语有云：**世间海水知深浅，惟有人心难忖量。**如果你和别人的交情尚浅，你却说出了内心深处的痛楚，那么日后，你就不能怪别人会把它当作茶余饭后的谈资；如果你和不熟悉的人相处时口无遮拦，那么你的一些无心之言可能会变成他人搬弄是非的证据。

更何况，在还不了解对方的情况下过早地向其敞开心扉，会存在被误解或被利用的风险。误解或被利用一旦发生，原本脆弱的信任会迅速消失，进而导致关系的恶化。

再说遇人不淑。

人际交往中有一个很多人要用半生才能领悟的潜规则：**成年人只能筛选交往对象，不能教育交往对象**。很多人之所以感到痛苦，是因为他们总是试图改变他人，而非筛选适合自己的人。如果你发现某个人的行为模式总是让你感到不舒服，那么最好的办法不是试图改变他，而是远离他。

遇人不淑，往往意味着我们对一个人的品质、性格和价值观判断失误，而这种失误往往会导致关系的破裂。

最后说期待过高。

高期待，会破坏你的心态。很多人熬夜写了一个方案，期待领导的赞扬，哪知领导太忙，没来得及看方案。这种时候，他们会觉得自己的努力被忽视了，失落感油然而生，这很容易影响后续与领导的互动。

高期待会破坏心态常常是因为我们对关系的期望值超过了现实的可能性。例如，我们可能期望一个朋友能时刻陪伴自己，但对方在忙碌或需要私人空间的时候却无法陪伴我们，这种落差感也很容易导致关系的疏远。

02 如何避免把关系越处越烂

既然厘清了原因，那么有针对性的解决方案自然就呼之欲出了。

针对交浅言深，你要学会闭嘴，改掉掏心掏肺、口无遮拦的毛病。

闭嘴，看起来只是简单的不说话，但实际上可以分为 4 重境界。

第一境界：习惯掏心掏肺、口无遮拦，从来没意识到交浅言深的问题。

第二境界：经历过交浅言深之后，才意识到自己犯了错误。

第三境界：开口说话前，提醒自己不该如此，但依旧控制不住自己。

第四境界：开口说话前，提醒自己不该如此，并且经常能成功。

读到这里，至少说明你已经告别了第一境界，来到了第二境界。

不过，倘若你已经处在第二境界，接下来要如何有针对性地修炼自己，设法进入第三境界呢？

我通过实践，总结出了一个比较简单有效的办法，那就是下载印象笔记或者 flomo 之类的在线记录类应用程序，在事后意识到自己未能做到闭嘴后，把当天的错误记录下来，并且时不时地去翻阅，然后尽可能地统计每天发生该类情况的频次。用严谨的态度来审视自己的错误，就能让你从无意识状态进入有意识状态，继而逐步进入第三境界。这个步骤并不难，只要你真正地做了，一般一个月就能进入第三境界了。

当你已经抵达第三境界，恭喜你，因为你很可能已经超过了身边 80% 的人——你有了难能可贵的、审视自我的觉察能力，这种能力就好比你将在计算机上执行某个命令时，计算机屏幕中突然弹出了一个对话框，询问你现在对闭嘴这项行动要选择"是"还是"否"。

从第三境界进入第四境界则有一定的难度，需要有相应的策略来辅助。你可以在每次发生类似情况后"惩罚"一下自己，比如在忍不住说出了让自己后悔的话后，用一只手的拇指和食指，使劲按另一只手的合谷穴（虎口附近），从而给自己一些负激励。

针对遇人不淑，你要抑制自己改变别人的欲望，通过筛选，找到真正值得交往的人。

具体要怎么筛选呢？一看价值观，二看沟通成本。

先看价值观。

我们之前讨论过，价值观实质上是对"什么更重要""什么最重要"的判断。虽然价值观本身并无绝对的对错之分，但如果与价值观不同的人长期相处，则会遇到诸多冲突。例如，一方可能坚信

"赚钱最重要，为了赚钱，可以牺牲节假日，我不走的话，你也不能下班回家"，而另一方则认为"工作是为了更好地生活，不应让手段凌驾于目的之上"。

如果价值观不同的人成为共事伙伴，长期相处，很可能会出现沟通障碍，即所谓的"鸡同鸭讲"，随着交往程度的加深，双方的冲突也会愈发严重。因此，我们这一生的重要任务之一就是不断地筛选出与自己价值观相契合的人。这样做不仅能让我们的人际关系更加稳固，还能让我们与他人的相处变得更加轻松愉快。

再看沟通成本。

在人际交往中，沟通成本往往决定了关系的质量与可持续性。如果在与某人的交往过程中，发现沟通成本特别高，即双方需要耗费大量的精力才能达成共识或理解彼此，那么这段关系的维护就会变得异常艰难。即便双方都付出了极大的努力，有时也难以获得预期的回报。

例如，在一段关系中，如果一方具有明显的控制型人格，而另一方对此感到无法忍受，这将导致极高的沟通成本。在这种情况下，即使双方都有意维系这段关系，但沟通障碍的存在，最终可能导致关系的破裂。相反，如果双方能够相互理解和接受彼此，即使一方表现出较强的主导性，另一方也能欣然接受，这样的关系则可以让双方维持较低的沟通成本。

简而言之，沟通成本是衡量人际关系健康与否的重要指标。低沟通成本意味着双方能够轻松地交流想法和感受，而高沟通成本则预示着潜在的冲突与不满。因此，在建立和维护人际关系时，我们应该留意沟通成本，适时调整互动模式，以促进关系的和谐与稳定发展。

针对期待过高，要学会降低预期值。

巴菲特的灵魂伴侣——**查理·芒格曾说："幸福人生的秘诀，就是降低你的预期值。"**这句话同样适用于人际交往。我们学会适当降低预期值时，往往能更好地享受当下的关系，并减少不必要的失望和痛苦。

请想象一下，你邀请一位你认为关系很好的嘉宾来给你的线上直播捧场，可是对方却一直拒绝，哪怕你愿意更改时间以适应对方的安排。**很明显，你高估了自己在对方心目中的位置。**面对这种情况，你会作何感想呢？或许你会感到失望、被忽视，甚至有些生气。但是，如果事先降低了预期值，那么这种负面情绪就会大大减少。

如何降低预期值呢？可落地的方法特别简单，那就是：一方面，给你的期待设置一个"安全边际"；另一方面，永远制订一个"B计划"。

"安全边际"，是巴菲特在投资领域中常用的概念，指的是在买入股票时留出一定的价格空间，以防股价下跌带来损失。同样，在人际交往中，我们也可以为自己的期待设置一个"安全边际"，即给自己和对方留有足够的余地，以应对可能出现的意外情况。

制订"B 计划"，则是指给自己留一手，不在一棵树上吊死。只联系一位嘉宾，对方可能没有意愿为你捧场，但如果你联系 10 位呢？当你有足够多的候选人时，你便有更大的概率来实现自己的目标。

重要的是，你要认识到，**你在别人心中的实际位置，可能比你认为的要低很多**。但没有关系，降低预期值即可。

03　最后的话

心理学家阿德勒说："人的一切烦恼，皆源于人际关系。"

人际关系带来的许多挑战和困扰往往源于我们与他人的互动以及我们对这些互动的期望。当我们学会了如何**更好地管理自己的言行，更明智地选择交往的对象，并合理调整我们的期望值时**，我们便能够在人际关系中寻找到更多的快乐。

愿你在人际关系的路上越走越远，找到那份属于自己的宁静与和谐。

如何培养低成本的爱好

专注自我，学会与自我相处是一种能力。

因为对不少人来说，与自己相处是一种获得能量的方式。在与自己相处的过程中，你不仅可以恢复在人际交往中损耗的能量，也能更好地理解自己的需求和欲望，从而在生活中做出更加符合个人价值观的选择。

因此，试着培养一些低成本的爱好，学会独自面对自己，在这个过程中，你能获得发自内心的喜悦，获得自我效能感，获得疗愈。

我把低成本爱好分成 3 个大类 7 个小类，你可以从中选出一些适合自己的进行培养。

01 第一类：身体活动类

跳绳。跳绳是一项简单有效的有氧运动，不需要太多的空间和设备，只需要有一根称手的绳子就可以进行。无论是在户外、家里还是在办公室，你都可以随时随地开展这项运动。我的习惯是每天 7 点 30 分抵达办公室后，为自己倒一杯水，然后就开始每组 150 个，共计 7 组的跳绳运动。

跳绳不仅能帮助我增强心肺功能，提高协调性和耐力，高效燃烧脂肪，而且能使血液快速流经我的大脑，这在客观上让我产生了许多关于创作的灵感。此时，我会拿出手机，打开微信，通过发语音的方式，把自己刚刚想到的创意发进由我自己的 4 个微信号组成的一个小群里。

如果你还没有试过跳绳，你可以从今天开始。起初，对自己的要求别太高，比如跳 50 个就收手，然后每天多跳 10 个，逐渐增加跳绳的次数和持续时间。你会发现，随着时间的推移，你的身体和心灵都会受益。

散步。散步是一项非常适合所有年龄段人群的低冲击运动，几乎不需要任何特殊装备，只需一双舒适的鞋子即可。无论是公园、街道还是家附近的小径，都是适合散步的场合。

而且，如果你选择前往有绿植的地方散步，还会符合所谓的"公园 20 分钟效应"。这一概念源自 2019 年《国际环境健康研究杂志》中的一项研究，研究表明，一个人只要在公园里待上 20 分钟，即使什么都不做，也会感到心情更加舒畅，身体更加健康。

按照武汉市武东医院心理科主任赵孟的说法，在公园里待上 20 分钟不仅是生理上缓解压力的方式，也是一种回避压力源的方式。通过物理空间的隔离，我们暂时离开了压力源，从而得到了心理上的放松。

我自己经常会在午休的时候，点上一杯生椰拿铁，然后去公司附近的河边走走。当我放慢脚步，看着河面上偶尔飞过的几只白鹭，遥望远处飞机留下的痕迹，我会觉得自己的整个身心都获得了放松。可以说，这 20~30 分钟，是我在工作中为自己的身心充电的时间。

02　第二类：自我提升类

听播客。我们之前提到过听播客，它是一种非常便捷的学习和娱乐方式，你可以在通勤、做家务或是运动时进行。播客内容丰富多样，涵盖了从心理学、财经、个人成长到专业技能等多个领域。我主要会在通勤的路上听播客，这样既能充分利用这段时间，又能在不知不觉中学到新知识，防止跌入"信息茧房"。

例如，我最近在听关于写作技巧的播客，它不仅提供了实用的写作建议，还分享了一些知名作家的成功经验和心得。每次听完之后，我都会直接打开印象笔记，记录下一些关键点，以便日后复习和应用。

如果你还没有尝试过听播客，可以从选择一个你感兴趣的领域开始。例如，如果你对个人成长感兴趣，可以找一些关于时间管理、情绪调节或是职业发展的播客。开始时，每天只需投入15~30分钟，渐渐地，你会发现自己的视野越来越宽广，思维也越来越活跃。

烹饪。烹饪对我来说不是劳作，而是一种创作过程。我喜欢在厨房里尝试不同的菜谱，用新鲜的食材制作美味的佳肴。比如，豆花牛肉、牛肉干、酱牛肉等，都是我和家人特别爱吃的料理。为什么都是牛肉呢？一来是因为牛肉好吃，二来是因为牛肉的热量比较低，吃牛肉不易长胖。

而且，烹饪不仅能够满足我对美食的追求，还能给我带来一种成就感，尤其是在家人品尝并赞赏我做的菜时。烹饪还是一种很好的减压方式。在切菜、调味的过程中，我可以暂时忘却压力，全身心投入食物的准备之中。逢年过节时，对很多社交恐惧症患者来说，与其和亲戚朋友"尬聊"，还不如躲进厨房大展厨艺。

如果你还没有尝试过烹饪，可以先从尝试简单的菜肴开始，比如炒空心菜或是煮丝瓜蛋汤。随着时间的推移，你可以根据短视频平台上的菜谱，逐渐尝试更复杂的菜肴，这样不仅能提升你的厨艺，还能让你享受到制作美食的乐趣。

阅读。阅读是成本极低却能带来极大回报的爱好。通过阅读，你可以了解到不同的观点和文化，这对个人成长非常有帮助。此外，阅读还能帮助你放松心情，减少压力。

选择读物时，你可以根据自己的兴趣和目标来挑选。例如，如果你对心理学感兴趣，可以选择一些与心理学相关的书籍；如果你想提升写作能力，那么文学作品和写作指南就是不错的选择。我自己经常阅读各种类型的书籍，包括小说、有关自我成长的书籍以及专业领域的著作。

为了将阅读变成一种习惯，你可以设定每日阅读的时间，哪怕只是短短的 2 分钟。比如，我通常会选择在晚上睡前阅读，这不仅帮助我缓解了一天的紧张情绪，也有助于我的睡眠。

03 第三类：创作类

学习一种乐器。学习一种乐器不但能带来乐趣，还能提升个人的艺术修养和创造力。无论是钢琴、吉他、口琴，还是尤克里里，都能让你在演奏的时候进入心流——全神贯注的状态，在这种状态下，时间似乎过得更快，而你也更能享受学习过程本身。所以，选择一种你喜欢的乐器开始学习吧！我自己选择了吉他，因为它相对容易上手，而且携带方便，可以在多种场合演奏。

学习乐器的过程充满挑战，但也非常有趣。一开始，你可能会觉得手指疼痛，和弦或曲目难以掌握，但随着时间的推移，你会逐渐感受到进步带来的喜悦。我通常会在晚上安排一段固定的时间来练习吉他，这段时间成了我一天中最期待的时段之一。

如果你想开始学习一种乐器，可以从练习简单的曲目开始，比如一些流行歌曲的伴奏。网络上有大量的学习材料，你可以根据自己的学习进度和喜好选择合适的学习材料。随着时间的推移，你会发现自己的演奏水平不断提高，你甚至可以尝试即兴演奏或创作曲目。

运营一个短视频或图文账号。运营账号可能会给你的人生带来另一种可能。以我为例，在 2015 年年底，在我开始在公众号上发布文章的时候，我并没有指望它能给我带来多少收益。但万万没想到，随着我不断创作和发布文章，有人建议我在各大平台同步发布文章，在其中一个叫作"简书"的平台上，我的某篇关于心理学的文章被编辑推荐到了首页，几天后，竟然有人来找我出书。一开始我还以为对方是骗子，直到她寄来了标准出版合同，我才发现，我竟然也可以成为一个作家。

到今天为止，出书的收入已经在客观上让我实现了自由，并且走上了少有人走的路。

所以，如果你也开始运营一个账号，你就有机会逐渐开启自己的副业，这个副业随着时间的推移或许也能茁壮成长，终有一天，为你开辟另一片天地。

04 最后的话

专注自我，意味着在纷扰的世界中寻找到一片属于自己的宁静之地；在复杂的人际交往中，获得一段自我疗愈的时光。在专注自我的过程中，你学会了如何与自己相处，更重要的是，你还发现了自己的潜能。通过培养低成本的爱好，你不仅塑造了更健康的体魄，也培养了更加坚韧的灵魂。

"在独处中发现自我，在自我中成就非凡。" 这是对自己的一种承诺，也是通往内心平静与个人成长的路。当你能够享受与自己相处的每一刻，你就会发现生命中真正的宝藏。

4

情绪成本

开启零内耗模式，实现情绪自由

什么才是真正的灵魂顶配

为了降低情绪成本，实现情绪自由，你需要不断追寻"灵魂顶配"。那什么样的灵魂才算是顶配的呢？

我认为，它要符合 4 个特征：对内，零精神内耗；对外，不去刻意合群；在内与外之间，学会能量管理；实现精神自由。

01　对内，零精神内耗

零精神内耗，意味着我们的内心世界无限趋近于宠辱不惊的境界，我们能够有效地管理自己的情绪和思维，始终保持内心的平静。如果要用两个词来形容零精神内耗的状态，我觉得应该是**"不急迫"**和**"不焦虑"**。

不急迫，需要你能够从容不迫地面对生活中的各种挑战，不会因为外界的压力而感到匆忙或不安；在决策过程中，能够耐心地权衡利弊，不被短期的情绪波动左右；有能力在快节奏的生活中保持内心的宁静，不被外界的喧嚣干扰；能够享受过程，而不是仅仅关注结果，从而在每个当下都找到乐趣和意义。

不焦虑，则意味着你能够接受生活的不确定性，不会因为面对未知而感到恐惧或不安；在面对困难和挑战时，能够保持冷静和理智，不陷入负面情绪，而是寻找解决问题的最佳途径；**有能力接受那些无法控制的事情，专注于自己能够影响的领域，把那些暂时无法接受和无法改变的事情先放一放。**

没什么好急迫的，因为没有一朵花从一开始就是花。 成长和发展是一个渐进的过程，没有任何事情是一蹴而就的。正如花朵需要时间来绽放，我们也需要时间和耐心来实现自己的目标。

也没什么好焦虑的，因为没有一朵花到最后还是花。 所以，不要过于担心未来的结果，而是要关注自己的成长过程，以及学会享受这个过程。

02　对外，不去刻意合群

哲学家周国平曾谈到一个人在面对孤独与合群时会经历 3 个阶段。

第一个阶段，惶惶不安，一心想融入群体。 在这个阶段，人们往往会感到不安，渴望被接纳和认可。他们可能会试图通过模仿他人的行为、迎合他人的喜好来融入某个群体。这个阶段的人们往往忽略了自己内心的真实感受和需求，可能会通过牺牲自己的个性和原则来换取他人的认可。

第二个阶段，习惯寂寞，能静下心来。随着时间的推移，人们开始意识到，一味地迎合他人并不能带来真正的快乐和满足感。于是，他们逐渐学会独处，开始习惯寂寞，并在这个过程中找到了内心的平静。在这个阶段，人们开始更多地关注自己的内心世界，开始发展个人的兴趣和爱好，不再盲目地追求他人的认同。

第三个阶段，让寂寞本身成为一片富有诗意的土地。这个阶段的人们已经能够完全接受并享受孤独。他们发现，寂寞不仅不是一种负担，反而成为一种珍贵的资源。这个阶段的人们能够更加深入地探索自己的内心世界，找到灵感和创造力的源泉，他们能够创造出富有意义的作品，或是散发出独特的个人魅力，这种魅力源自对自我深刻的理解和自信。

是的，**独处亦是清欢事，未必人生尽相知。**但除了上述 3 个阶段，我认为其实还有第四个阶段。

第四个阶段，寻找同好。当一个人达到了能够享受孤独的状态后，他会发现自己不再需要建立庞大的社交网络来证明自己的价值。相反，他会开始寻找那些能够真正理解自己、与自己有共同价值观和兴趣的人。这些同好不仅仅是他的朋友，更是能与他一起成长、相互启发的伙伴。**一个人走得快，一群人走得远，和一群能相**

互引发共鸣、深度交流的人在一起，能走得更远。

03　在内与外之间，学会能量管理

很多人时不时会有一种"太累了""干不动了"的倦怠感，这种感觉之所以会出现，是因为他们的心理能量被耗竭了。

我们身边总会有几个能量水平特别高的人，他们总能迅速抓住问题的核心，并且干净利落地解决问题，同时在这一过程中保持冷静，不受情绪干扰。因为效率高，他们会有很多业余时间去体验生活之美，然后又在这些美好中继续补充能量，继而形成正向循环。因此，他们的平均能量水平总是高于别人。

相比之下，低能量水平的人则恰恰相反，这些人往往会与他人展开情绪之争、意气之争；他们无法分清问题的表象和本质，被恐惧、担忧、焦虑等负面情绪裹挟，整个人都被情绪淹没，耗能严重，于是这些人既无力解决问题，也没心情享乐，还容易自责，或指责身边人，导致能量恢复得很慢，结果让自己长期处于低能量状态。

那怎样才能从低能量状态回到高能量状态呢？有时候你需要换一个思路，关注自己的能量在内与外之间的流动，比如通过提升体能、改善睡眠质量或调整饮食习惯来提升能量水平。这些看似简单的做法，将带给你意想不到的收获。

是的，人生漫长，你只有能量充沛，才能活得精彩。

04 实现精神自由

如何实现精神自由？在我看来，你需要经历 3 个阶段。

第一阶段，解放自我。在这个阶段，你开始认识到自己被社会规范、他人的期望以及物欲束缚。为了追求更自由的生活，你开始培养批判性思维，不再盲目接受外界的观点；学会根据内在需求而非他人认可来定义自我价值；减少对物质的依赖，区分真正所需与单纯欲望。

第二阶段，自我主宰。在这一阶段，你不仅摆脱了外界的束缚，还开始积极构建和践行自己的价值观与生活方式。自我主宰是一种深层次的精神自主，它要求你发现和根据自己的优势来主动选择并创造自己所向往的生活，而不仅仅是实现行为上的独立。

第三阶段，拥有松弛感，允许一切发生。在这一阶段，你处于一种超然状态，不仅摆脱了外界的束缚，还实现了内心的真正自由。这种自由意味着接受生活的不确定性，允许一切自然发生；无论遇到何种挑战，都能保持内心的平静与稳定；放下对结果的执着，遵循生活的自然规律。

精神自由是一种内在的状态，它不仅关乎摆脱外在的束缚，还关乎内心的平和与自我实现。当你达到精神自由的境界时，你不仅能够更好地面对生活中的挑战，还能够在人生的旅途中实现真正的快乐和满足。精神自由让你得以在复杂多变的世界中保持内心的平静，同时也让你的人生变得更加丰富多彩。

实现了精神自由，你便不会计较得失。生命不过是一段旅程，尽兴生活，输赢皆有意义。

05　最后的话

在不断追寻灵魂顶配的路上，愿你将每一步都走得坚定而从容，最终找到那个最真实的自我。

我想以这样一段话作为这一节的结尾："在生命的广阔海洋里，你是自己的航船的舵手。勇敢地驶向内心深处的平静之海，那里有顶配灵魂在等待你。"

如何停止精神内耗

精神内耗的本质是急迫与焦虑，当你能放下急迫与焦虑，你就能停止精神内耗。

急迫是什么？它原本指需要立即做，不容许拖延。但在精神内耗的人心里，**它是过分渴求未来而忘却了现在。**

那焦虑呢，它对精神内耗的人来说又是什么呢？对他们而言，焦虑表现为：**言未出，结局已演千百遍；身未动，心中已遇万重山；行未果，假想苦难愁不展；事已毕，过往仍在脑海悬。**

是的，正是急迫与焦虑这两种负面情绪交织在一起，共同作用于你，导致你总是感到有压力和疲惫。

01 如何放下急迫

你吃饭快不快？等电梯时会不会感到烦躁？听音频时会不会恨

不得用 2 倍速、3 倍速？你有没有发现，很多人的前半生，其实都是在急迫中度过的？我们总是急着完成一件事，然后又匆忙地转向下一件。这种生活方式让我们的心灵永远在颠簸，永远无法平静，也让我们错过了许多生活中的美好瞬间。

为什么你会那么急迫呢？**急迫的本质是"时间紧张"，一件通常需要 10 秒才能完成的事情却只剩 5 秒可用了，你能不紧张吗？**

比如，我在乘坐地铁时，经常能看到有人"冲门"。即便是地铁已经发出"嘟嘟嘟"的警告声，提醒乘客们车门即将关闭，但在这些选择"冲门"的人耳中，这声音仿佛变成了表示比赛开始的哨声。

然而，"冲门"这种行为是有代价的。有时，一家四口中，3 个成员幸运地挤进了车厢，而最后一个成员却被无情地留在了站台上，于是只能无奈地挥手示意："我们在下一站集合。"更让人揪心的是，有一次我目睹一个小男孩不慎被夹在了地铁门与站台的闸机门之间，他的母亲惊慌失措地大声呼救。幸好工作人员训练有素，及时介入，才避免了悲剧发生。面对这样的场景，即便是坐在座位上的我，也不禁为他们捏了一把冷汗。

可是，类似"冲门"的事情真的是必要的吗？**放下急迫的第一个策略就是，停下来思考，这件事情到底值不值得我去做？**

坐地铁时，车门要关了，上班要迟到了！迟到又如何？有我的生命重要吗？

骑车时，前方绿灯要结束了！结束了又如何？有我的生命重要吗？

开车时，客户发来信息，说自己等急了！等急了又如何？有我的生命重要吗？

不会如何！人生中除了生死，其他都是小事。

第二个策略，给自己多留一点时间。

我也曾是一名打工人，每天的上班时间是 9 点。但我习惯 6 点就从家里出发。一方面，上海早上的交通资源非常充裕，我可以轻松地在地铁上找到座位，下了地铁后也不用和其他人争抢共享单车；另一方面，由于我给自己预留了充足的时间，一路上我都显得格外从容。

再举个例子，截至目前，我已经完成了 15 本书的写作，而且没有一本是在截止日期才交稿的。这是为什么呢？一方面，这与我的自律习惯密不可分；另一方面，在与编辑签订合同时，我总是要求将截稿时间延后一个月，但我实际上又会提前半个月左右交稿，比如原定 8 月 1 日交稿，我会要求将截稿时间定在 9 月 1 日，但实际上我在 7 月 15 日左右就能完稿。这样一来，我就为自己创造了约一个半月的缓冲时间。

所以你看，只要时间变得宽裕起来了，你认为还有急迫的必要吗？

第三个策略，找到自己的节奏。

你听说过"32 公里法则"吗？我在自己的另一本书《薛定谔的猫：一切都是思考层次的问题》中提到了以下这个例子。

美国有一条从西海岸的圣地亚哥通向东北角缅因州的路，其全长 5276 公里，即便驾车不停行驶也需要 2 天 10 小时才能驶完这段旅程。

《基业长青》的作者之一、管理与创业领域的权威吉姆·柯林斯曾组织了 3 组人来完成走完这条美国最长之路的挑战，具体安排如下。

第一组：在天气良好的情况下必须前进 80 公里，而在天气恶劣时则原地待命。

第二组：可以自行规划行程，对自己有着高标准、严要求，每日必须行走 80 公里，预计 60 天可以走完全程。

第三组：无论天气如何，每天都固定行走 32 公里。

你猜，哪一组会率先走完全程？结果出乎所有人的预料，第三组率先到达终点。

柯林斯事后通过调查访谈发现以下几点。

第一组的行进速度明显受到天气因素的影响，而且随着时间的推移，队员们越来越倾向于降低"坏天气"的标准，导致在行动上变得懈怠。

第二组在初期像一支急行军，但由于过度劳累，很快便出现了疲劳现象，最终陷入了三天打鱼，两天晒网的状态。

第三组虽然行进速度较慢，但正是缓慢而稳定的步伐使得队员们更容易坚持下去。最终，这一组花了 5 个多月的时间，成为第一支抵达终点的队伍。

我在写作时也是如此，确保每日有进展，每天至少写 500 字。灵感来袭时多写的内容，则被当作意外收获。

都说天下武功，唯快不破，但很多事情不是"武功"，我们真的不必过于急迫，慢慢来，才更好。

02　如何放下焦虑

请想象你站在 4 层楼高的狭窄木板上，如同在高空走钢丝，你或许会感到恐惧与紧张。但如果你是一位经验丰富的杂技演员，或是知道木板下方有安全网，这是不是会减少你的焦虑？

这个实验来自认知行为疗法创始人亚伦·贝克，他在《这样想不焦虑：普通人焦虑自助指南》一书中提到，**焦虑源于对威胁可能性和强度的过高估计**。这种过高估计，会让人对未来的不确定性产生恐惧，对可能发生的负面结果产生过度担忧，继而导致不必要的心理负担。

所以，要想放下焦虑，就需要将矛头对准过高估计，具体要怎么做呢？你可以运用以下两种策略。

策略一，相信概率。

有一次我去青海旅行时，与团中的一位同伴闲聊，她向我袒露了她不愿乘飞机的心结。她的心结可以追溯到 2014 年 3 月，当时她正准备搭乘马航的航班回国，却在手机上看到了马航 MH370 航班起飞后失联的消息，这一消息给她带来了极大的震撼与恐惧。那次归国飞行对她而言是一场心理上的巨大考验。自那以后，即便旅程再怎么漫长，她也坚决选择火车作为交通工具，再也不愿踏上飞机。

这位女士的情况体现了心理学上的"鲜活性效应"，即人们在判断风险时往往会过于依赖那些生动或近期的记忆。尽管航空旅行整体上是非常安全的，但马航 MH370 事件使她对飞行产生了强烈的恐惧。

实际上，许多人在遇到飞机颠簸时都会感到焦虑，但根据国际航空运输协会 2019—2023 年的数据，每 88 万次飞行中才有一起事故。在感到焦虑的时候，你可以通过采用相信概率这一策略来有效减少焦虑，不让过度忧虑影响自己的生活。

策略二，打开视角。

你的焦虑源于大脑习惯性地启动"微观审视"模式，这得益于其天生捕捉潜在威胁的能力。这种机制曾帮助我们的祖先在远古时代生存下来。

但在现代社会，高度警觉有时会让你过度放大周围的风险。当注意力无处安放时，被夸大的风险会填满你的思维空间，营造出一种四面楚歌的感觉。

是的，**焦虑实际上是大脑过度警觉与过度聚焦的结果，它将风险无限放大**。这就像通过望远镜看一只猛禽，它看起来庞大且近在咫尺。

网上有一篇著名的短文："上小学的时候忘戴红领巾，你感觉天都要塌了；到了初中考试不及格，你又感觉要完蛋了；高考没考上理想的大学，你觉得自己的人生都没希望了；毕业后没有找到好工作，你又觉得人生已经完蛋了。其实人生的容错率是很高的，很多事情并没有想象得那么重要，你经历了那么多让你觉得会完蛋的事情，现在不还是活得好好的。"

所以，当你学会打开视角时，你会发现猛禽其实远在天边，对你构不成威胁。

因此，**感到焦虑时，不妨打开视角，用更广阔的视野来审视问题**。

当你展望 10 年后的未来时，你会发现眼前的困扰不过是生命长河中的一抹涟漪。

03　最后的话

在这路遥马疾的世间，慢慢来是一种诚意。不要为了赶路而错过路边的风景。

当你学会了放下急迫，给自己留出更多的时间，并找到属于自己的节奏时，你会发现自己能够更加平和地面对生活中的每一个瞬间。同样，当你学会了通过相信概率和打开视角来看待问题时，你会发现曾经看似巨大的困难也不过是生命旅程中的一段小插曲。

如何避免刻意合群

我之前提到过，著名心理学家阿德勒曾说："人的一切烦恼，皆源于人际关系。"

请想象一下，当你不得不与一群与你格格不入的人相处时，你会不会像置身于一个完全不适合自己的环境中的游戏角色，每时每刻都在"掉血"？

是的，经历过这种事的人发出这样的感叹：不知从什么时候开始，在这个社会中，合群成为一种社交标准。我们按捺住心中的抗拒，钻入各种圈子里，硬着头皮参加无意义的酒局，使劲琢磨别人的想法。最终因为刻意合群，导致自己在人群的喧哗中压抑着、被消耗着。

可是，为什么我们会本能地想要去迎合其他人，做出刻意合群的行为呢？

01 写进基因的刻意合群

要理解这种行为的本质，我们需要从**进化的角度思考**。作为社会性生物，我们天生就有与他人建立联系的倾向。在远古时代，融入群体能够获得受到保护、共享资源以及繁殖的机会。因此，**那些能够更好地融入群体的个体更有可能生存下来并将他们的基因传递给下一代**。随着时间的推移，这种社交倾向逐渐成为我们基因的一部分。

另外，**从脑科学的角度看**，我们的大脑已经发展出处理复杂社会关系的能力。大脑的某些区域，如前额叶皮质和边缘系统，负责情绪调节、社会认知、决策制定和道德判断等。当我们在社交互动中获得积极反馈时，大脑会释放像多巴胺这样的神经递质，带来愉悦感；相反，如果我们被排斥或感到孤独，大脑可能会体验类似疼痛的负面感受。

是的，社交排斥会被大脑认为是一种十分严重的威胁，因为它代表失去资源、保护和支持。**当一个人感觉自己被排斥时，大脑中的应激反应系统会被立刻激活，产生焦虑、恐惧等负面情绪**。为了避免这种不适，人们往往会下意识地采取行动以维持社交联系，哪怕这意味着要牺牲个人的喜好或感受。

所以，我们之所以会本能地做出刻意合群的行为，是因为这种行为模式深深根植于我们的基因和神经系统之中，它帮助我们在社会环境中生存和发展。然而，长期处于不和谐的人际关系中也会对身心健康造成负面影响。因此，了解这一行为背后的科学原理，有助于我们更好地识别和平衡自己的需求与社会期望之间的关系，找到真正适合自己的社交环境。

02　如何避免刻意合群

避免刻意合群需要一定的技巧和心理准备。以下是 4 个实用的步骤。

第一步：自我觉察。

意识到自己正在刻意合群是迈向改变的重要一步。当你在社交场合中感到不适或疲倦时，不妨暂时停下来思考，探究这些感受的根源。问一问自己："**我真的想待在这里吗？**""**我这样做是因为乐在其中，还是仅仅为了迎合他人？**"

尤其是在拟接受社交邀请时，更应保持自我觉察。考虑一下："**这个聚会对我而言有意义吗？它是否会再次让我陷入刻意合群的模式？如果要给参加这个聚会的价值打分，我会打多少分？**"

当然，有些活动，如公司的团队建设活动，你可能出于各种原因暂时难以拒绝。但没关系，**因为这涉及投入产出比。一旦你能以经济学的角度审视这类活动，它们便不再是一种情绪上的负担，而是为了实现更重要的目标而必须付出的成本。**

更重要的是，这种自我觉察可以帮助你在内心确立一个目标——最终摆脱对外界认同的依赖。正如作家李笑来所说："**一个人的幸福感，往往取决于他能够在多大程度上摆脱对外部世界的依赖。**"

因此，从提升自我觉察能力开始，朝着未来能够不想参与就可以不参与任何活动的目标迈进吧！

第二步：拖延。

即便你已经对自己在刻意合群有所觉察，有时拒绝的话语也仍然难以说出口。我发现有一种策略对那些难以直接表达自己想法的人来说非常有效，那就是拖延。

在这种情况下，**拖延从一个通常被人们视为缺点的行为转变成了一种有利的做法。**

比如，当你在微信上收到一个邀请，而你其实并不想去，你不必立即回复，而是可以选择稍微推迟一下再作答复。这样一来，你就有更多的时间去思考自己的真实意愿，并且给自己创造了一个缓冲的时间去决定如何回应。这种策略不仅为你提供了更多的思考时间，同时也让你避免了即时拒绝可能带来的尴尬和压力。

例如，你可以这样回复："谢谢你的邀请，让我看看自己的时间安排，稍后给你答复。"通过这种方式，你既保持了礼貌，又为自己争取到了时间去做出更加符合自己心意的选择。同时，这也给了你机会去思考，如果最终决定不去参加这个活动可以使用什么样的托词，以及这样的选择是否更有利于自己的身心健康和个人成长。

第三步：练习拒绝。

懂得拒绝是一项重要的技能。如果你习惯于迎合他人，起初可能会觉得拒绝是一件极其困难的事。但随着不断地练习，你会逐渐在拒绝中获得自信与自我效能感：原来我也能够成为一个懂得拒绝的人！

最简单的拒绝话术包括："谢谢你的邀请，但我那天已经有别的安排了。""我很感激你邀请我，不过我这次就不参加了。"如果对方尊重你，通常不会进一步追问。然而，如果对方坚持追问，甚至使用了更巧妙的话术，让你感到难以拒绝，这时该怎么办？

在这种情况下，你可以回到第二步，并且选择无限期拖延，即干脆不再回应。读到这里，你内心的"迎合小人"或许会跳出来质疑：这样做是不是不太好？会不会损害人际关系？

不用担心。你可以将"已读不回"视作练习拒绝的一种方式。**当你能够熟练地对那些缺乏边界感的人"已读不回"时，你的内心也成长了。**这并不是一种冷漠的表现，而是在维护自己的边界，同时也是在培养一种更为健康的人际交往方式。随着时间的推移，你会发现这样做不仅有助于保护自己的时间和精力，也能够帮助自己建立更加真诚和有价值的人际关系。

第四步：找到适合自己的群体。

一些优秀的人往往选择离群索居，他们能于独处时汲取智慧，于思索间领悟人生，于静谧中绽放光芒。

然而，人类毕竟是社会性生物，这些卓越的人并非真正想离群索居，他们只是难以找到志同道合的人。在当今万物互联的时代，找到适合自己的群体要比历史上任何时期都更容易。

　　假设你是一个热爱阅读的人，而你周围的同事、朋友更倾向于开展其他娱乐活动。在这种环境下，你很可能难以找到能够深入交流的人。但如果你加入一些读书社群，尤其是那些设有一定付费门槛的社群，你会发现社群的成员虽然来自不同的行业，但他们的兴趣与你惊人的一致。

　　而且，在这样的社群中，你可以体会到与志同道合的人一起分享见解的乐趣。你可以参与线上讨论会、在线讲座，甚至是线下聚会，与他人分享读书的感悟，碰撞出思想的火花。这种深层次的交流不仅能扩大你的知识面，还能让你感受到被理解和接纳的温暖，进而促进个人的成长与发展。

　　加入这样的社群，可不是你刻意合群的结果，而是源自你的向往。 在适合自己的群体中，你不仅能够结识新朋友，还能够拓宽视野，接触到不同的观点和文化。

　　而且，就像法国哲学家让 – 保罗·萨特所言："**他人是我们存在的镜子。**"通过与志同道合的人交往，你还能够更好地认识自己，了解自己的价值取向。在这样的群体中，你也能够获得真正的归属感，在客观上体验到更加丰富和有意义的人生。

03 最后的话

在纷繁复杂的社会交往中，保持真实的自我，寻找那个能让心灵栖息的居所，是每个人毕生的课题。

阿德勒除了说过我提到的那句话之外，其实还说了一句话：**人际关系，也是幸福之源。**

请避免刻意合群，勇敢地走出那个让你疲惫不堪的圈子，然后去追寻真正适合自己的，能让自己感到宁静与自在的群体吧。

你不是懒，只是能量水平太低

你是否曾望着窗外的蓝天白云，心中却充满了疲惫与无力感？你是不是觉得自己的能量像是被抽空了一样？如果你的答案是肯定的，那么**请相信，这不是因为你懒，而是因为你的能量水平太低**了。

你不妨现在就给自己近期的能量水平打个分，满分是 100 分的话，你会打多少分呢？

很多人的分数都不太高，他们感觉身心乏力。每天清晨醒来，面对堆积如山的任务，你就像是一台不停运转的机器，没有时间停下来，更不用说享受生活了。**在这场永无止境的竞赛中，你可能已经走了太远，忘记了如何关照自己。**

但请你想象一下，如果你的能量能够恢复到较高的水平，你的生活将会发生怎样的变化？你会更有动力去践行你的计划，更有耐心去处理复杂的人际关系，也会有更多的创意去创造美好的事物。这一切都不是遥不可及的梦想，而是可以通过实际行动来实现的。

具体要怎么做呢？我们可以参考以下 3 个要点。

01 要点一：提升体能

体能相当于你身体的电池，有些人的"电池容量"是 2 万毫安时，有些人的"电池容量"则只有 5000 毫安时。

在世界 500 强企业的 CEO（首席执行官）中，大多数人不是来自哈佛大学、耶鲁大学、斯坦福大学，而是来自西点军校，这是因为西点军校的学生都曾接受过十分严苛的体能训练。

从生物学和脑科学的角度看，体能不仅仅关乎肌肉的力量和耐力，更与大脑的功能密切相关。当我们进行体育锻炼时，身体会产生一系列有益于大脑健康的化学物质，如内啡肽和 BDNF（脑源性神经营养因子），尤其是 BDNF，有助于神经元的生长和连接。这些化学物质不仅能提高我们的情绪，还能增强我们的记忆力和学习能力。此外，定期运动还有助于减轻压力和焦虑，改善睡眠质量，从而全面提升我们的能量水平。

读到这里，你可能会说：道理我都懂，可我就是做不到，怎么办？

的确，"知道"与"做到"之间有一段距离，知行合一的关键就在于缩短这一段距离。接下来，我就为你介绍我认为十分有效的 3 招，让你也能轻松养成运动的习惯。

第一招，给自己选择权。

运动的形式丰富多彩，不仅包括跑步，还包括跳绳、快走等。每个人都能找到最适合自己的运动方式，使运动成为一种享受而非负担。关键在于探索与尝试，找到适合提升体能的运动项目。

更何况，多样化的选择还能够保持新鲜感，适应不同的身体状态和情绪变化。阴雨天可以在室内跳绳，阳光明媚的日子则可以外出快走，享受大自然的美好。

以我个人为例，雨天我会选择在室内跳绳，每次跳 1 分钟，心率达到 110~130 次 / 分时稍作休息，然后继续，大约 20 分钟内就能完成目标。而在晴天，我会在小区内快走，边听播客边享受户外时光。

第二招，从做一分钟运动开始。

为了"套路"自己，让自己先动起来，一个屡试不爽的策略是从做一分钟运动开始。

因为过高的期望往往是持续行动的大敌。请一定记得——"先完成，再完美"。将每日运动的时间设为 1 分钟，你就能轻松达到要求，而每一次的成功实践都是对自我能力的一次肯定。奇妙的是，一旦迈出了那简单的第一步，惯性往往会驱使你继续，做 20~30 分钟的运动就变得十分简单。

回想当初我开始培养运动习惯时，我也有过惰性，也曾因为给自己设定的运动目标太高而心生畏惧，**这是很正常的。**

但当我决定每天仅需做一分钟的运动后，一切都发生了改变。我的大脑立刻将完成这项任务视作一件轻而易举的事情，这也使我更愿意迈出第一步。这正是利用了行为心理学的微妙作用，让运动习惯的形成变得不那么艰难。

第三招，践行"3 个固定"，固定运动习惯。

所谓的"3 个固定"，即于固定的时间在固定的地点执行固定的锻炼项目。

例如，每天的 7 点 45 分，是我始终如一的锻炼时间。时间一到，惯性便会驱使我迅速抓起那根格外醒目的橙色跳绳，在房间中央开辟出一片独属于运动的天地。

践行"3 个固定"的妙处在于，它在特定的时空之中构建起了一种专属于运动的仪式感。随着日复一日地不断重复，这一特定的时空仿佛被赋予了神奇的魔力，逐渐转变为一种强大的心理暗示。

如此一来，运动便会自然而然地成为一种行为模式。久而久之，就如同睡前若不刷牙便感到不适一般，如果到了预定的锻炼时间而不运动一番，身体和心灵都会不由自主地渴望由运动带来的畅快与满足，从而使运动成为生活中不可或缺的一部分。

02 要点二：好好睡觉

睡觉是你补充能量时不可或缺的过程。

比尔·盖茨曾经说过：自己最大的决策失误，都是在自己缺少睡眠的情况下产生的。

从脑科学的角度看，睡觉不仅仅是身体休息的方式，它还涉及复杂的生理和心理过程。在深度睡眠期间，大脑会清除一天积累下来的代谢废物，巩固记忆，并促进情绪调节。缺乏足够的高质量睡眠会导致注意力下降、记忆力受损、情绪波动以及免疫系统功能的减弱。

那具体要怎么睡呢？

运动睡眠教练尼克·利特尔黑尔斯在其著作《睡眠革命：如何让你的睡眠更高效》中围绕"90 分钟睡眠周期"这一理论，独创了"R90 睡眠法"。R90 的含义是以 90 分钟为一个周期，来规划睡眠周期。具体要怎么做呢？我们可以借鉴以下 3 个步骤。

第一步，找到基线。

尼克教练结合自己 30 多年来对睡眠科学的研究发现，广泛流行的"拥有 8 小时的睡眠最健康"的观点并不科学，因为每个人的情况并不一样，不能一概而论。比如，素有"铁娘子"之称的英国第四十九任首相撒切尔夫人每天虽只有 4~6 小时的睡眠，但依然精力旺盛，活到了 87 岁高龄；而有些人，如网球运动员费德勒，每天睡 10 小时恐怕还不够。

因此，每个人都要找到自己的基线。我们可以先规划 4~5 个 90 分钟的睡眠周期，即睡 6~7.5 小时。比如，我通过一段时间的自我觉察，发现我每天需要睡 5 个睡眠周期，第二天才不会感觉疲劳，所以我的基线大致就是 7.5 小时。

你也可以根据自己的情况，来规划自己的睡眠周期，4~6 个周期都可以。

第二步，规划入睡和起床时间。

由于我每天 5 点准时起床写作，所以倒推 7.5 小时，21 点 30 分是我的最佳入睡时间。在这之前我会看一会儿书，这样没过多久，我就会感到睡意袭来，就能很自然地入眠了。

第三步，调整入睡和起床时间。

你可能也想和我一样早起。的确，早睡早起的人由于能量充沛，会比很多人拥有更多的高能量时间。但假如你现在的作息习惯很差，你每天都要熬到一两点才睡，怎么办？

还记得从做一分钟运动开始吗？你同样可以把这一招用到调整入睡和起床时间这件事情上，每天将入睡和起床时间往前调整一分钟，半年左右，你也可以逐渐调整到每天 6 点甚至 5 点起床。

03　要点三：好好吃饭

你或许未曾留意，你的饮食习惯其实与你的情绪状态有着密不可分的联系。当你摄入食物时，身体会将其分解成葡萄糖——大脑和身体的能量来源。如果你摄入的是容易被消化的简单碳水化合物，比如精制糖或者白面包，那么这些食物会在短时间内迅速提升你的血糖水平。然而，血糖水平迅速上升通常伴随着快速下降，造成血糖水平波动。

血糖水平的波动会对情绪产生显著的影响。当血糖水平突然下降时，你会感到疲惫不堪、焦虑不安，甚至烦躁易怒。相反，如果血糖水平过高，长期下来可能会导致情绪波动和抑郁。

为了保持血糖水平的平稳，你需要关注以下 5 个要点。

第一，确保每一餐的食物都包含足够的蛋白质、健康脂肪和复合碳水化合物。这些食物可以帮助你缓慢释放能量，避免血糖水平剧烈波动。

第二，多吃富含纤维的食物，比如新鲜的蔬菜、全谷物和豆类，这些食物能够减缓糖分的吸收速度，有助于血糖水平保持稳定。

第三，适当喝水可以帮助调节血糖水平。尽量避免长时间不吃东西，也不要暴饮暴食，否则会导致血糖水平剧烈波动。

第四，减少加工食品和含糖饮料的摄入量，它们往往会导致血糖水平迅速上升之后又骤然下降。

第五，在不改变食物种类和数量的情况下，仅仅合理改变摄入食物的顺序，就能让血糖水平变得平稳。这个策略是：先摄入纤维，再摄入蛋白质和脂肪，最后摄入碳水和糖类。

这和消化系统的工作原理有关，如果你对这方面感兴趣，可以去读读法国生物化学家杰西·安佐斯佩的《控糖革命》。

04 最后的话

无论外界如何喧嚣，你的内在能量都是驱动你前行的真正源泉。提升体能、好好睡觉、好好吃饭，这 3 把钥匙能帮助你打开通向更高能量水平的大门。照顾好自己的身心后，你就会发现自己拥有了前所未有的力量，能去拥抱每一个挑战，享受生活中的每一个瞬间。

正如罗伯特·弗罗斯特所说："一片树林里分出两条路，而我选择了人迹更少的一条，从此决定了我一生的道路。"选择提升自己的能量水平，就像是选择了那条人迹更少的路，但它将引领你走向更加精彩的人生。

实现精神自由

"自由"这个词，在我们的认知中常常与"财富"紧密相连。许多人对财富自由抱有浓厚的兴趣，认为只要实现了财富自由，生活的满足感就会大幅提升。

因此，财富自由成为许多人梦寐以求的目标，仿佛是一条漫长赛道的终点，为了抵达那里，他们奋力奔跑，不惜忽略沿途的一切。

然而，许多人却忽视了一个更为重要且更容易实现的目标——精神自由。相比于财富自由，精神自由更能给人带来持久的幸福与内心的平静。

01　精神自由

什么是精神自由？在诠释这个概念之前，我们先来看看精神自由不是什么。

精神自由并不是指有钱就能悠闲自在、随心所欲，可以不工作、可以环游世界，因为这样的生活虽然表面上看起来充满自由，实际上却可能导致内在的空虚和无尽的虚无。一个人仅仅依靠物质上的满足来定义自己自由时，很容易陷入一种没有目标和意义的状态。缺乏深层次的精神追求，可能会导致人感到空虚，人们即便拥有再多的财富和闲暇时间，也无法填补内心的空洞。

　　同样，精神自由也不意味着可以不负责任地放纵妄为。真正的自由并不是放弃对自身行为的约束，而是在理解和尊重他人的同时，也保持对自己的尊重。如果一个人没有边界感，做事不考虑后果，不尊重他人，不遵守社会规范，那么这种所谓的"自由"实际上是一种自私的表现，最终会导致混乱，使个人孤立无援。这样的状态既不是真正的自由，也违背了人类社会的基本道德准则。

　　真正的精神自由在于一个人能够在充分认识自我和社会的基础上，找到一种平衡的生活方式。这意味着个体既要**摆脱不必要的外在束缚，又要建立健康的内在秩序**。通过自我反省和不断学习、成长，个体能够发现生命的意义所在，并以负责任的态度去实现自己的价值。这种自由是一种内在的力量，它使人能够**在任何情况下都保持清醒和松弛**，都能坚守自己的原则和信念，从而达到心灵上的宁静与和谐。

　　所以，你看到了吗？要想实现精神自由，有3关要过，每过一关，精神自由的境界就会上升一层。

02 实现精神自由要过的 3 关

第一关：摆脱不必要的外在束缚。

很多人的外在束缚主要体现为被社会的期望裹挟。

社会对我们有很多期望，这些期望往往体现在职业、婚姻、家庭等方面。社会通过各种途径向我们传达了这样的信息：你应该有一份体面的工作，你应该结婚生子，你应该拥有一个幸福的家庭。这些期望看似是社会为我们规划的美好蓝图，但实际上，它们有时会成为沉重的负担，让人难以喘息。

例如，在职场上，社会普遍认为高收入和高职位代表了成功。这种观念驱使人们为了达到相应目标而拼命工作，甚至牺牲了自己的健康和个人时间。而在个人生活中，如果到了一定的年龄还没有结婚或没有孩子，人们往往会受到来自家庭和社会的压力，这种压力让人感到焦虑和不安。

但人生哪有那么多"应该"呢？我很喜欢下面的内容。

纽约时间比加州时间早 3 个小时，但加州时间并没有变慢。

有人 22 岁就毕业了，但找了 5 年才找到好工作。

有人 25 岁就当上了 CEO，却在 50 岁去世；

也有人直到 50 岁才当上 CEO，然后活到 90 岁。

有人依然单身，同时也有人已婚。

奥巴马 56 岁就退休，特朗普 70 岁才开始当总统。

世上的每个人本来就有自己的发展时区。

身边有些人看似走在你前面，也有人看似走在你后面。

但其实每个人在自己的时区里，都按安排走着。

不用嫉妒或嘲笑他们。他们只是在自己的时区里，你也是！

生命的真谛就是等待正确的行动时机。

所以，放轻松，在命运为你安排的时区里，一切都会准时发生。

没错，每个人都有自己的节奏和发展时区。社会的期望和标准不应成为束缚我们的镣铐。当你摆脱外在束缚时，你才能真正找到属于自己的生活节奏，按照自己的步伐前进，享受每一个当下。这种自由不仅能让你更加自在地生活，还能让你在面对来自社会的压力时保持内心的平和与坚定。

第二关：建立健康的内在秩序。

一旦摆脱了外在束缚，就需要建立健康的内在秩序。这包括了解自己的优势和短板，寻找到自己的人生意义和奋斗方向。

我有一次面试被拒的经历，当时面试我的厂长对我说："你很儒雅，但一点都不强势，我们需要一个强势的人。"那次失败的经历让我开始假装强势，试图改变自己。然而，一个人的性格又岂是能容易改变的？在这个过程中，我深刻体会到了什么叫"拧巴"。

终于有一天，我想通了。**无法变得强势虽然是我的短板，但同时也是我的优点。我的平易近人让我能够与他人更和谐地相处，能够设身处地地站在他人的角度考虑问题，从而实现与他人共赢。我**

为什么要假装强势？为什么要变成自己都不喜欢的模样？

更何况，我还有自己的优势。我对写作有着深深的热爱，并且特别能坚持。我能够多年如一日地每天 5 点起床写作，这正是许多人难以做到，而对我来说轻而易举就能做到的事情。这才是我区别于他人的独特之处。

通过那次经历，我意识到，**每个人都有自己的优势和短板，没有必要为了迎合别人的期望而改变自己。找到自己的优势，发挥自己的特长，才是建立健康的内在秩序的关键。**这种内在秩序不仅能帮助我们更好地理解自己，还能让我们在面对各种挑战时保持坚定和自信。

了解自己的优势和短板是建立健康的内在秩序的重要一步。当我们清楚自己的长处和短处时，就能更好地扬长避短。例如，我的平易近人让我在人际交往中更加得心应手，而我对写作的热情和坚持则成为我不断前进的动力。

接下来是找到自己的人生意义和奋斗方向。既然我的优势是写作、能坚持、愿意与他人实现共赢，那么我为什么不专注于写更多实用的心理科普类书籍，帮助那些无法真正做到知行合一的人，让他们真正地从知道变为做到？为什么不创办一个陪伴式的写作共创研习社，让更多想要写作但无法坚持、不得要领的人，跟着我一起走得更远呢？

当我想明白了自己的奋斗方向后，我觉得我的内在秩序变得空前清晰。

当然，**整理内在秩序不是一件简单的事情，但它具有必要性。你不必急迫，更不必焦虑，慢慢来，因为慢慢来，才更好。**

第三关：在任何情况下都保持清醒和松弛。

经过了前两关的努力，我们已经学会了如何摆脱外在束缚，开始建立起健康的内在秩序。但要真正实现精神自由，还需要过最后一关：在任何情况下都保持清醒和松弛。

这意味着无论环境如何变化，我们都能够清楚地知道什么对自己重要，什么对自己更重要。这其实就体现了一个人的价值观。

价值观是清醒的"因"，而清醒则是松弛的"因"。很多人羡慕别人具备的松弛感，但很少有人愿意深入探究自己是否拥有清晰的价值观。

和很多人想象的不太一样，价值观往往并不体现在对大是大非的判断上，因为在涉及重大利益得失的问题上，一个人的判断相对明确。一些小事情反而更能体现一个人是否有清晰的价值观。

例如，在《不强势的勇气：如何控制你的控制欲》中，我介绍了一段亲身经历。

有一年夏天，我们一大家人计划去英国旅行。那天，我们很早就出发前往上海浦东国际机场，但当我们把车停在停车场后，我们突然被管理人员告知：我们的航班是从上海虹桥国际机场出发的。

可是，国际航班不都是从上海浦东国际机场出发的吗？当拿出全是英文的资料核对时，我们才发现自己想当然了，因为途中需要转机，所以我们需要先抵达北京首都国际机场，再转机飞往伦敦。

看了一眼手表，我的内心是紧张的，但我提醒自己要保持松弛。**因为赶上飞机是重要的，谁应该负责任和接受责备则是次要的，甚至是无关紧要的。**

随后，我们决定由我岳父驾车，立刻前往上海虹桥国际机场；同时，我和爱人在后排座位上商量解决方案……

当我们为接下来包括停车、排队、出境等每一个可能耽误时间的环节都制订好对策并一一践行后，我们在飞机起飞前大约 15 分钟进了机舱。

我其实还有另外一段经历没被写在那本书里，而且它也有关于这趟去英国的旅行。我们返程时需要先从爱丁堡乘火车抵达伦敦，然后从伦敦机场飞回上海。但火车到站的时间和飞机起飞的时间离得非常近。

所以当我和爱人在退税点发现有非常多的游客正在排队时，我就和她约定，如果到几点几分还没轮到我们办理退税，那么我们就放弃退税。

这其实是我做的预判，目的就是降低我们虽然时间不足但又希望拿到税款的期待值。**这个世界上没有那么多两全其美的情况，所以我们只有做好取舍，明白什么是重要的，比如赶上回上海的飞机，厘清什么是次要的，比如拿到税款，才能以当下为起点，对次**

要的事情降低期待值。

允许放弃退税的情况发生，这就是我当时的松弛感的来源。

通过这样的经历，我意识到，**真正的松弛感来源于清晰的价值观。当我们清楚地知道自己重视什么、可以放弃什么，就能在面对各种情况时保持内心的平静。**这种内心的平静不仅能帮助我们在关键时刻做出明智的决策，还能让我们在日常生活中更加从容不迫。

03　最后的话

在追求精神自由的路上，你不断地探索和实践，逐渐学会了如何在纷繁复杂的世界中找到自己的定位。你学会了摆脱外在束缚，建立了健康的内在秩序，并且在任何情况下都能因自己拥有清晰的价值观而保持清醒与松弛。精神自由不仅仅是一种状态，更是一种有关生活的科学，它能让你通过清晰的思考，在有限的生命里活得更加真实。

最后，愿你在自己的时区里不疾不徐，找到属于自己的节奏，**体验到最纯粹的精神自由。**

如何尽快进入"半退休生活"

自由，就是不想做什么的时候就可以不做什么。

这是一种心灵上的解放，是对时间和精力的一种自主安排。这种自由不仅仅体现在对外部世界的掌控上，更表现为内心深处的平静与从容。

但在真实世界中，由于受到了种种限制，我们往往无法一步到位地实现"全自由"。然而，我们可以先设法实现"半自由"，我把这种状态定义为"半退休生活"。

01 "半退休生活"

什么是"半退休生活"？

这和网上流行的有关"精神离职"的说法有点像，但又不完全与其相同。

二者的相似点在于有以下两种表现。

第一，把工作当工作。 除非工作内容令自己特别感兴趣，否则工作就是用劳动换取金钱与安全感的一种方式。不过度努力，不加班，划清工作与生活的界限。

第二，把领导当领导。 除非领导特别值得追随，否则面对领导的批评或指责时，只要态度诚恳，积极承认错误，不起冲突即可，之后该干什么干什么，不必内耗。

而二者不一样的地方则是你的内核，也就是你选择"精神离职"或进入"半退休生活"的动机。

选择"精神离职"的动机在于工作太苦了，让你特别焦虑，但你又不敢离职，于是只能用这种方式"认真地敷衍工作"。

而选择进入"半退休生活"的动机则在于省下时间、精力和心理能量去追求你自己特别想要的东西。在这个过程中，你可以把工作带给你的资源逐渐用于完成对你很重要的事情，最终从"半自由"实现"全自由"。

所以你看，所谓的"半退休生活"，并不是彻底脱离社会或抛弃责任，而是在现有条件下尽可能地为自己创造更多的自主空间。它意味着在保持一定经济来源的同时，能够有更多的时间和精力做自己真正关心和热爱的事情。通过这种方式，你可以在日常生活的繁杂中寻找到一片宁静之地，逐步接近内心向往的自由状态。

请不要为了实现别人的梦想而努力，你要为了实现你自己的梦想而努力。

这就是"半退休生活"的真谛。

要想尽快进入"半退休生活"，需要经过 3 个步骤。

02　第一步，找到自己的方向

读到这里，你可能会说："我也渴望达到这种状态，可是到目前为止，我还找不到自己的目标，该怎么办？"答案是找到自己的方向。

正如一句名言所说：**"一艘船如果不知道自己要去哪里，那么任何风都是逆风。"**每个人都有自己的特点，如何才能更快地找到属于自己的方向呢？有两个关键要素可以帮助你，它们分别是能量波动与心流体验。

先说能量波动。做任何事情，无论是脑力劳动还是体力劳动，都会消耗能量。然而，不同的人在做不同的事情时，其能量消耗的程度是不一样的。有些活动不仅不会消耗你的能量，反而会让你感到精神焕发。

例如，我每天完成自己规定的一篇文章后，就会体验到愉悦感。同样，有些人完成拍摄、剪辑并发布一条短视频后，也会体验到愉悦感。因此，你需要留意自己在做某件事情时的能量波动。那些能带给你愉悦感的活动，很可能就对应你大致的方向。

再说心流体验。除了能量波动之外，心流体验也是一个关键要素。当你全身心投入某项活动时，你会专注当下，不觉他物，感到时光仿佛流逝得很快。

比如，我的一位朋友叫大 F，他在与人交流时特别擅长共情，能够在一对一的谈话中创造出一种让双方都能获得良好体验的状态。因此，对大 F 来说，从事与他人进行一对一交流的相关工作，既能引发能量波动，也能带来心流体验。

当然，你可能到现在还没有找到自己的方向，这没关系。也许过去你一直在为改善生活而奔波。但不妨以当下为起点，尽可能多地尝试各种活动，并密切关注自己的能量波动状况，以及自己是否获得了心流体验。

这样一来，你就能逐渐调整自己的工作重心，向着符合自己内心愿望的方向前进。

03　第二步，制订 3 个版本的计划

第一个版本：你现在想做什么。

这个版的计划是对你目前生活的延伸。例如，在最初制订这个计划时，我是喜马拉雅多条产品线的负责人，同时也是一位作家。一方面，我希望通过自己的努力在公司取得一些成就；另一方面，

我也打算继续保持每年出 2~3 本书的节奏，扩大我的出版版图。第一个版本的计划通常是为了让你在现有的框架内更进一步，但它仍然受限于当前的情况。

第二个版本：如果不做现在的事情，你想做什么。

制订第二个版本的计划需要结合当下的环境进行思考和选择。比如，当今科技进步和社会发展的速度空前加快，任何行业都有可能在一夜之间被改变。可能在某一天，人工智能拥有了你具备的技能，这会让你丧失市场竞争力。因此，你可以选择未雨绸缪，考虑备选方案。

亚马逊创始人杰夫·贝索斯曾说过一句话，它或许能给你一些启示：**"不要总是盯着那些会发生变化的事情，而要找到那些长期不变的事情。"**例如，人们对内容的需求是不变的，我与其担忧被人工智能取代，不如成为能够驾驭和熟练使用人工智能的人，用好人工智能这位"实习生"，在心理科普领域走得更稳更远。

第三个版本：假设你已经实现财富自由，你会做什么。

制订这个版本的计划能帮助你识别真正重要的事情。对我而言，如果我真的达到了财富自由的状态，我会选择每年花 3 个月的时间去旅行，一边旅行，一边写作或拍摄短视频。我希望在这个世界上留下一些特别的东西。而在剩下的 9 个月里，我可能会选择在不同的城市居住，深入体验当地的风土人情和美食，当然，写作仍然是我生活中不可或缺的部分。

当你为自己制订了这 3 个版本的计划后，你就可以开始在现实生活中实施计划了。例如，尽管我当时仍在上班，但这并不妨碍我去学习前沿技术，或者利用假期旅行，提前体验旅行兼作家的生活。

此外，你还可以运用"原型采访"的方法，即与已经在从事相关活动的人交谈，了解他们实施这些计划时的感受，从而决定是否要调整自己的计划。

通过这个方法，你可以在最短的时间内验证制订的计划是否适合自己。如果发现计划的某些方面不合适，你还可以在实施的过程中不断调整，最终制订出真正适合自己的计划。

04　第三步，学会对失败免疫

践行"半退休生活"并不是一帆风顺的，遭遇意外和失败是常态。因此，在践行的过程中，你需要学会对失败免疫。

具体要怎么做呢？我们可以将失败分为两类，分别讨论应对方法。

第一类：小失败。

针对小失败，千万不要把它看成个人能力不足的表现，而应将其视为个人成长过程中的必经阶段，是进步的催化剂。

例如，当我写了一篇文章，却发现阅读者寥寥无几，甚至在朋友圈分享该文章后也没有引起多少关注时，我意识到问题可能是选题过于小众或者标题不够吸引人。因此，当你能够将小失败视为反馈时，一系列的小失败实际上会帮助你加速成长，让你更接近成功。

第二类：大失败。

大失败的确令人沮丧。但如果把人生看作一个无限游戏，那么大失败反而是一次宝贵的机会。

我曾在传统制造业努力了一年，最终却未能获得理想的年度绩效评价，一度感到非常沮丧。直到我读到王小波的那句话：**"人的一切痛苦，本质上都是对自己无能的愤怒。"** 于是，我开始反思。在这个无限游戏中，如果在一张地图上无法取得进展，为什么不换一张地图试试呢？

于是，我开始了写作生涯。写作不仅让我进入了互联网行业，还为我带来了许多机会，使我得以与行业内的佼佼者交流；更重要的是，写作帮我厘清了思路，给我带来了十分可观的收入，让我从此不再为金钱烦恼，不再需要为了金钱而工作。

实际上，对失败免疫的最高境界并非无视失败，而是设法将失败视为积累经验的过程，为最终的成功铺路。因此，你可以尝试进行失败免疫练习。

失败免疫练习包括 3 个步骤。

步骤一，记录失败经历。这样有助于你理性、客观地对失败的原因进行分析。

步骤二，对失败进行分类。如果是针对低级错误导致的失败，承认错误并改正即可；**但如果是针对自身的弱点造成的失败，最好的做法不是强迫自己弥补短板，而是尽量避免接触那些自己既不擅长也不感兴趣的事情。**因为每个人的优势各不相同，你只有发挥自己的长处，成功的概率才会更高。

步骤三，分析存在成长机会的失败。例如，我在二十几岁时花费了大半年时间写一本书，最终却无果而终。后来我通过分析发现，主要原因是没有撰写目录和样章，没有请编辑老师审阅选题。一本书如果选用未经调研和筛选就确定的选题，除非运气极佳，否则很难畅销。

你看，失败虽然让人极为不适，但如果你能够理性地分析失败的原因，它将帮助你在不断试错的过程中变得更加敏锐，从而更好地在"半退休生活"中朝着自由不断前行。

05　最后的话

真正的自由不仅表现为外界条件的改变，更表现为内心世界的丰盈。

正如海明威所言：**"总是做你自己，这样便没有人能复制你。"**在这条通往自由的路上，你将书写属于自己的传奇。愿你既能勇敢地迈出探索的步伐，又能温柔地对待每一次尝试与失败，这样的你，终能抵达心中的那片宁静之地，拥抱真正的自由。

祝福你：手持烟火以谋生，心怀诗意以谋爱；越过星辰与大海，无畏世俗和尘埃；从此鲜花赠自己，纵马踏花向自由！

后记

　　这是我完成的**第十六本书**，按照我设定的撰写 50 本书的目标，如今我的进度为 32%。

　　很久以前，我就怀揣着一个愿望，那就是创作一本降低个人整体能耗（成本）的指南。如今，我终于得偿所愿。本书不仅是对我的过往经验的一次总结，也饱含我的期许——每个人都能找到属于自己的生活方式，策略性地以更少的付出收获更多的幸福。

　　我希望你能深刻体会到"低成本"并不是单纯地节省每一分钱，而是通过富有智慧的选择，让自己的生活变得更加轻松、愉悦。无论是金钱、时间、社交还是情绪，每一个方面都值得我们去探讨，去探寻那些可以让我们过得更好的方法。

　　本书旨在探索并重塑"富足"与"自由"的含义，倡导采取一种理智与平和的生活态度，以降低金钱、时间、社交和情绪等方面的成本。本书提供了一系列实用的指导与策略，希望能帮助每位读者发现适合自己的生活之道，这包括运用合理的花钱策略来增强个人的财务安全感，优化时间利用方式以提高生活品质，设立合理的人际关系的界限来减轻心理压力，以及通过情绪管理来达到内心的平静与自由，等等。

随着书页的翻动，我相信本书的每个章节都在默默地帮助你构建一个更加和谐的内在世界。当你学会了以更低的成本过上更高质量的生活时，你将逐渐发现，真正的幸福其实就在身边，它源于你真诚地对待自己和生活。

最后，请让我感谢 3 位贵人。

首先，我要对人民邮电出版社的**朱伊哲老师**表示最诚挚的感谢。我们的缘分始于一系列富有意义的合作项目——包括《了不起的自驱力：唤醒孩子的学习源动力》《不强势的勇气：如何控制你的控制欲》《抢分：偏科自救指南》以及《不强势的勇气：如何控制你的控制欲（漫画实践版）》。这四本书不仅是我们的合作逐步深化的标志，也是我们共享理念与不懈努力的结果。尤其是现在，圆满完成的《低成本生活：如何让你的人生省钱又省力》这部作品不仅象征着我们在心理科普的道路上迎来新的里程碑，还预示着我们正朝着更广阔的主题领域迈进。

朱老师的贡献远不止于编辑层面，她的专业精神和她对工作的热忱使每一本书都充满了生命力。她那敏锐的洞察力和非凡的理解能力，使我们之间的合作更具深度与广度。在她的帮助下，本书得以呈现出最佳面貌，为读者寻找新的生活方式提供指导。

其次，我要借此机会向我的爱人**王怡女士**表达深深的感激之情，感谢她一直以来对我的支持与理解。在我追求个人目标的过程中，她始终是我最坚强的后盾，给了我无限的动力和信心。

同时，我也想向我们的儿子——**何昊伦**表示热烈的祝贺！今年，升入初中二年级的他，凭借自身的努力和同学们的认可，成功当选班级里的学习委员，这是对他过去一年勤奋学习和积极参与班级活动的一种肯定。相信在他的带领下，全班的学习氛围将会更加浓厚，每位同学都能在相互激励中取得更大的进步。

何昊伦的成长不仅表现为学习成绩的提升，还表现为在性格塑造和社会技能习得方面的成熟。看到他逐渐成为一个有担当、有爱心的年轻人，作为父母，我们感到由衷的欣慰。我们相信，无论是在校内还是在校外，他都能够保持这种积极向上的态度，不断挑战自我，实现自己的梦想。

最后，我想感谢此刻**正在阅读这些文字的你**。你的每一次翻页、每一次思考，都是对我最大的鼓舞与肯定。你，作为本书的读者，同时也是我成长路上不可或缺的贵人。我衷心希望，通过这座文字的桥梁，你能够找到提升自己的策略与路径，让生活中的每一刻都充满意义。

愿本书以及我其他的 15 本书，都能成为你人生旅途中的一盏盏明灯，为你照亮前行的道路。

愿每一个读完本书的人都能找到属于自己的幸福之道。

愿我们都能在未来的日子里，以更低的成本过上更加充实和满意的生活。

希望通过本书进行的交流，只是我们成就彼此的开始。如果你愿意进一步探讨低成本生活或者任何有关心理科普的内容，想策略性地成为更好的自己，抑或仅仅希望向我分享你的故事与感悟，我诚挚邀请你通过微信（公众号：何圣君）与我建立更深的连接。

何圣君

2025 年 2 月 3 日

于上海

参考文献

《邻家的百万富翁》

《富爸爸穷爸爸》

《自律上瘾：用自律拿到结果的 28 个逆袭策略》

《断头皇后》

《时间贫困：如何利用时间　决定了我们是谁》

《掌控关系：人人都需要的关系百科》

《行为上瘾：拿得起放得下的心理学秘密》

《大脑健身房》

《华与华方法》

《童蒙须知》

《山居笔记》

《薛定谔的猫：一切都是思考层次的问题》

《这样想不焦虑：普通人焦虑自助指南》

《睡眠革命：如何让你的睡眠更高效》

《控糖革命》